U01257 88

时令留鲜

86种手作保鲜美食

［日］宅间珠江 著

刘红妍 译

中国轻工业出版社

薤头

薤头　2kg

味醂　180mL 或 360mL

醋　720mL

盐　略微少于 1/2 杯

细砂糖　540g

小辣椒　两三根

前　言

用当季的蔬菜和水果做成保鲜食物，是从我由市中心搬到更接近自然的郊外之后开始的。和日本东京不同的是，在这里，家的附近到处都是田地。在附近走一走，蔬果直销店随处可见，都是刚刚采摘的水果和蔬菜，公园里和街道两旁也都栽种了各种果树，随着季节的变化，会结满梅子、苹果、柚子等水果。在那样的地方生活，根据季节制作可储存的食物，就变成了我生活的一部分。那个时候每当我看到应季的蔬菜和水果，就会开始忙着制作保鲜食物。

剥去薤头的皮、摘朝天椒的叶子、刮掉紫苏的种子……保鲜食物的制作就是不断地重复这种简单的工作，但是我很喜欢制作的过程。"真的是太棒了！"我经常一边自言自语一边享受其中。最近，我每天还增加了"搅拌"这项工作：每天搅拌酵素糖浆、早晚搅拌糠床……与其说是制作，不如说是"培育"的感觉吧。虽然制作过程很费事，但是我很开心，因为可以每天观察食物的变化，我一边说着"越来越美味了"（真的），一边用心地搅拌着。

制作保鲜食物非常简单。好吃自不必说，看到饱满的应季蔬菜和水果、光滑的果肉、鲜艳的叶子，用手触摸之后并开始制作，这个过程真的是极其有趣的。我特别兴奋，感觉从蔬菜和水果中获得了力量，整个人也都变得焕然一新。

这本书是在2011年3月出版的《小玉的保鲜食物》内容的基础上，加入最近开始制作的新食谱重新整理而成的。每一道我都特别喜欢，每年也都会反复制作。只要你尝试着制作其中的一道，应该可以品尝到它所属季节的时令滋味，体会到亲手制作的乐趣。新的季节来临的时候，希望您能反复阅读，我不胜荣幸。

[日] 宅间珠江

目 录

【 储存食物的季节 】 →007

春季【 spring 】 →008

3月　草莓糖浆 →010

　　半干草莓糖浆 →012

　　莓果酒 →014

　　蜂斗花茎味噌 →016

　　油浸蚕豆 →018

　　当归佃煮 →019

4月　盐樱、盐渍樱叶 →020

　　蜂斗菜佃煮（伽罗煮）
　　蜂斗叶佃煮 →022

　　蛤蜊时雨煮 →024

　　生姜杂鱼佃煮 →025

5月　黑樱桃罐头 →026

　　┈┈►黑樱桃法布尔顿蛋糕 →027

　　柠檬酒 →028

　　青梅糖浆
　　青梅酸味果露 →030

夏季【 summer 】 →032

6月　薤头 →034

　　　薤头塔塔酱 →035
　　　薤头番茄沙拉 →035
　　┈►腌渍薤头 →036
　　　薤头豆苗沙拉 →037
　　　薤头炒牛肉 →037

　　杏罐头 →038

　　杏糖浆 →041

　　梅干 →042

7月　糖浆煮李子 →046

　　红紫苏糖浆 →048

　　浆果姜汁 →050

　　朝天椒叶佃煮 →052

8月　腌红姜 →054

　　甜醋生姜（腌姜） →056

　　甜醋山姜
　　红梅醋山姜 →058

秋季【autumn】 →060

9月　秋天的罐头　→062

　　　　白桃罐头　→064
　　　　黑胡椒梨罐头　→065
　　→　黄桃罐头　→065
　　　　苹果什锦罐头　→066
　　　　薄饼　→067

　　　　加州梅罐头　→068

10月　紫苏果实和叶子佃煮
　　　红梅醋腌制红紫苏果实　→070

　　　葡萄糖浆　→072

11月　苹果酱　→074

　　　粉红色红宝石苹果罐头　→076

　　　鸡尾酒腌制海棠果　→077

冬季【winter】 →078

12月　柚子茶（柚子皮酱）
　　　柠檬茶（柠檬皮酱）　→080

　　　鸡尾酒橘子热饮　→083

　　　麦芽糖萝卜　→083

1月　生姜糖浆　→084

　　　冬天用蜂蜜腌制各种食材　→085

　　　萝卜干、萝卜条　→086

　　　　炖萝卜干　→087
　　→　腌萝卜片　→087

2月　生姜煮金橘　→088

　　　味噌腌物　→090

　　　　味噌腌鲑鱼　→091
　　→　味噌腌猪肉　→091
　　　　味噌腌蔬菜　→092

【常备菜品和日常厨房工作】 →093

调味汁 →094

　　调味汁的用法①煮羊栖菜 →095
　　调味汁的用法②乡村烧茄子 →095

散寿司调料 →096

芝麻饭调料 →097

甜醋 →098

　　甜醋的用法①
　　越南三明治（日式） →099
　　甜醋的用法②
　　甜菜腌制应季蔬菜 →099

味噌肉酱 →100

生姜金针菇 →101

牛肉时雨煮 →102

海带佃煮 →103

金枪鱼肉冻 →104

鸡肉泥 →106

羊栖菜蘑菇泥 →107

各种晾晒食物 →108

　　自制香菇干 →108
　　橄榄油腌制番茄干 →109
　　香草腌泡番茄 →109
　　简易版柿子干 →110
　　胡萝卜干沙拉 →110
　　炖香菇干 →111
　　腌泡半干蘑菇干 →111

酵素糖浆 →112

橘子+柚子+薄荷酵素糖浆 →114

米糠酱菜 →116

浅渍泡菜 →118

古渍泡菜 →119

柠檬泡猕猴桃 →119

果子酒 →120

果核酒 →121

关于工具 →122

关于材料 →124

储存时的注意事项 →124

煮沸消毒的方法 →125

蔬菜和水果的时令日历 →126

关于本书的标注

● 食谱中的1大匙约为15mL，1小匙约为5mL，1杯约为200mL。

● 食谱上标注的保存时间是参考时间。根据保存环境和状态的不同，可能比标注的时间要短。

储存食物的季节

•

【春】

3月/4月/5月

【夏】

6月/7月/8月

【秋】

9月/10月/11月

【冬】

12月/1月/2月

春季 [spring]

临近春天的2月，经常走过的那条路上，两旁的梅花已经盛开。天气依旧比较寒冷，偶尔也会下雪。但是想着春天马上就要到来，心里就会有一丝欢喜。

天气一天天转暖，骑车出去购物或者办事的途中，我都会去看蜂斗田，那是我每年都会去的地方。然后就会发现，蜂斗菜的花茎露出了头，每当这时候我就会很惊喜（哇！已经到了这个季节了！）。蜂斗菜的花期很短，稍不留神就会错过。每年，春天都是这样来到我的身边的。

说到春天，还要提到草莓。红艳艳的草莓，看着就觉得很幸福。大小不一的草莓价钱很划算，我看到了就一定会买，买回家就迫不及待地制作果酱或糖浆。如此说来，小时候妈妈第一次教我做的，也是草莓果酱吧。

4月是樱花盛开的时节。我家院子里的李子也开始开花，之前播种的香草也渐渐长出嫩叶。每年都特别期待的芦笋，此时也到了收获的季节。因为院子的角落每年只能种下大约8棵芦笋，因此显得异常珍贵。不久之后，地上的蜂斗菜也会开始生长。可以将蜂斗花放在蜂斗花茎味噌里，茎用来做伽罗煮，叶子用来做佃煮。因为想在其他季节也能品尝到蜂斗花那种微苦的味道，因此每年都会制作很多存储起来。

天气渐渐暖和起来，我在店里可以看到青梅和樱桃。最爱的夏天也马上就要来临了。

MON	TUE	WED	THU	FRI	SAT	SUN

3月3日 女儿节 3

草莓用 1~2 天晒干

草莓糖浆 → p10

半干草莓糖浆 → p12

杏花开了

当归佃煮 → p19

蜂斗花茎味噌 → p16

莓果酒 → p14

3月我可以尽情享用草莓，我最喜欢草莓了。

"蜂斗菜，找到你了！"

油浸蚕豆 → p18

March 3

008

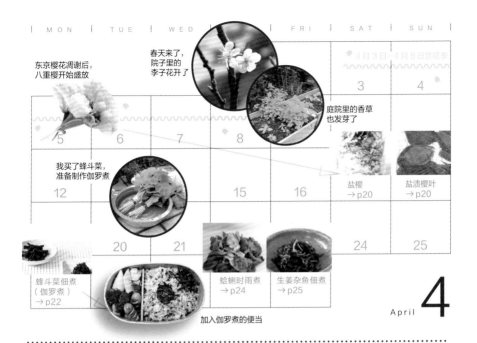

MON	TUE	WED		FRI	SAT	SUN
		春天来了，院子里的李子花开了			4月3日–4月8日赏花季	
					3	4
东京樱花凋谢后，八重樱开始盛放				庭院里的香草也发芽了		
5	6	7	8		盐樱 →p20	盐渍樱叶 →p20
我买了蜂斗菜，准备制作伽罗煮						
12		15	16			
			蛤蜊时雨煮 →p24	生姜杂鱼佃煮 →p25	24	25
蜂斗菜佃煮（伽罗煮）→p22	20	21	加入伽罗煮的便当			

April 4

MON	TUE	WED	THU	FRI	SAT	SUN
		制作时可以随自己喜好放入很多樱桃			5月1日–5月5日黄金周	
					1	
5月1日–5月5日黄金周					黑樱桃罐头 →p26	
3		5		烤好的蛋糕方便携带，还可在外出时食用	8	
	青梅糖浆 青梅酸味果露 →p30		果子酒 →p120			
	12		14	黑樱桃法布尔顿蛋糕 →p27		
柠檬树开花了					柠檬酒 →p28	
	18		21	初夏就完成制作，整个夏天也能美美地享用。		
24	25		28	29	30	
31			青梅上市了，夏天也就近在眼前了。			

May 5

3月 草莓糖浆

充满香甜草莓香气的浓缩糖浆。大颗的、品相好的草莓可以直接享用，小颗的可以积攒到一起用来制作糖浆。不过，做成糖浆后放入冰箱冷藏显得有点奢侈。

材料与用量（350mL的容器1个）

草莓	1袋（约300g）
柠檬（挤汁）	1/2个
细砂糖	240g

制作方法
∙∙∙∙∙∙∙∙∙∙∙

1 草莓清洗干净，去蒂，沥干水分。

2 将步骤1的草莓和细砂糖放入珐琅锅或不锈钢锅中，混合均匀（图①），然后常温下放置12小时（图②）。

※放置12小时后水分会渗出。

3 起锅开中火，一边煮一边撇去浮沫，约15分钟后关火（图③）。

4 在耐热的碗上，放上漏勺，再铺上蒸笼布，倒入步骤3的草莓，将其过滤（图④）并轻轻挤压。

5 冷却之后放入已经煮沸消毒的瓶子中保存。

※过滤之后剩下的草莓可以做成草莓酱，与酸奶一同食用。

※如果没有蒸笼布的话也可只用漏勺。

◎保存方法：冰箱冷藏保存3个月。

推荐食用方法
∙∙∙∙∙∙∙∙∙∙∙∙∙∙∙∙∙∙∙

　　最常见的食用方法是加入牛奶中做成草莓牛奶。也可淋在酸奶上做成草莓酸奶，或放在冰激凌上做成草莓圣代。

半干草莓糖浆

使用新鲜的草莓和稍微晒干的半干草莓来制作。比果酱更清爽，口感更接近罐头。樱桃利口酒的加入也更能迎合成人的喜好。

和半干的草莓混在一起后，口感和风味会有所不同，变得更加美味。

材料与用量（200mL的瓶子2个）

草莓	一大包（约400g）
细砂糖	120g
柠檬（取皮）	1/2个
柠檬（挤汁）	1/4个
樱桃利口酒	2大匙

③

④

制作方法

1 草莓清洗干净，去蒂，把水分擦干。取 200g草莓全部切成2等份，晾晒1~2天。

※天气好的时候，可以在通风好的地方晾晒。

2 将剩下的草莓放入碗中，撒上细砂糖，常温放置6~12小时。

※放置12小时水分就会渗出。

3 将步骤1和步骤2的草莓放入珐琅锅或者不锈钢锅中，再加入柠檬皮、柠檬汁（图①）、用中到大火熬制。用木铲不停搅拌，加热15分钟左右，煮至浓稠之后加入樱桃利口酒（图②），再煮2分钟左右即可。

4 趁热将草莓放入已经煮沸消毒的瓶子中（图③），将存储瓶倒置待其冷却（图④）。

◎保存方法：开封前可放置6个月，开封后在冰箱冷藏室里可以保存3个星期。

推荐食用方法

　　将其浇在香草冰激凌上，是我最喜欢的吃法。或者把切成两半的英式松饼烤得焦黄之后抹上奶油奶酪，淋上草莓糖浆，既可以当作早餐，也可以当作下午茶的小点心。

莓 果 酒

·············

　　天气晴朗的春日午后，总是想喝点爽口的冷饮，这个时候可以来一杯莓果酒。倒入苏打水，伴随着气泡声，莓果的香味扑鼻而来，制作过程又很有趣美味。

这次使用了草莓、新鲜蓝莓、冷冻混合莓果。

材料与用量（1000mL的广口瓶1个）

草莓	1袋（约300g）
莓果	30g
（蓝莓、黑加仑、黑莓、覆盆子等）	
冰糖	300g
醋	300mL

①

制作方法

1 草莓清洗干净，去蒂。清洗莓果。洗完之后，充分沥干水分。

2 在煮沸消毒过的广口瓶中，放入步骤1的水果、冰糖、醋。为了让冰糖充分溶化，要上下摇晃瓶子，每天一次，之后在凉爽的地方放置2个星期（图①）。

◎保存方法：在阴凉干燥处可以存放约6个月。如果想保存1个月以上，需要在制作的时候去除草莓籽。

蜂斗花茎味噌

如果想品尝春日里略带苦味的食材，那么非蜂斗花茎莫属。放在刚蒸好的米饭上，或者涂在烤饭团上，仅仅如此就变得别具风味了。因为它的花期很短，所以稍微加工一下，就可以在很长一段时间里都能尽情享受这道美味。

蜂斗花茎（花蕾）的种子又大又软，挑选稍微紧实一点的比较好。

材料与用量（方便制作的量）

蜂斗花茎	8~10个
味噌	4~5大匙
味醂	2~4大匙
细砂糖	2~3大匙
酒	1大匙

制作方法
··········

1 剥去蜂斗花茎的外皮，开水焯1分钟左右
（图①）。浸泡到冷水中，放置1小时左右
（图②）。

※放入冷水中浸泡，可以有效去除蜂斗花茎
的苦味。如果喜欢微苦的感觉，可以不用冷
水浸泡。不擅长做饭的人可以将其放在水里
浸泡一整天。

2 锅中放入味噌、味醂、细砂糖、酒后将其
充分混合备用。

3 将步骤1的蜂斗花茎挤干水分，切碎（图
③）。再次放入冷水中，捞出后挤干水分。

4 在步骤2的锅中放入步骤3的蜂斗花茎，用
木铲轻轻搅拌，小火熬制（图④）。一边
煮，一边不停搅拌使其充分融合，也可防
止糊锅，直到熬煮至质地比味噌还要细腻
时关火。

5 放入已经煮沸消毒的瓶子或者容器中。

◎保存方法：冰箱冷藏室中可保存6个月。

油浸蚕豆

颜色鲜艳又好吃，所以每年的这个时候我都会制作。

放在沙拉上，或者配合奶酪作为喝红酒时的开胃菜，又或者将其压碎后放在意大利面上，有很多种吃法，可以尽情享用。

焯也好，烤也好，无论怎么做，我都特别喜欢。制作好的蚕豆外壳泛着光泽，也非常美味。

材料与用量（方便制作的量）

蚕豆	约30个
盐	1/2～1大匙
大蒜	2片（薄片、可选用）
小辣椒	1/2根
橄榄油	适量

制作方法

1 将蚕豆从豆荚中取出，在蚕豆的薄膜上轻轻地划几刀。放入盐水（分量外）中焯至稍微变硬后用漏勺捞上来，待其冷却后剥去蚕豆上的薄膜。

2 擦去蚕豆表面的水分，放入已经煮沸消毒的储存容器中，之后依次放入盐、大蒜、小辣椒，最后倒入橄榄油，橄榄油一定要充分没过蚕豆。

◎保存方法：冰箱冷藏室可保存1个月。

当归佃煮

佃煮是以小鱼、贝类、海藻等海鲜为主要原料，加入酱油，充分熬制而成。
应季的食物，对身体也有益处。当归那种独特的香气，也让我很是着迷。

我使用的是在超市很容
易买到的白当归。每年
3~5月是上市旺季。

材料与用量（方便制作的量）

当归	1根
酒	2大匙
细砂糖	1大匙
味醂	1大匙
酱油	3大匙
小辣椒	1/2根
	（切成圈状）

制作方法

1 将当归连带外皮一起横切成小块，
  之后放入加了醋的水中。

2 将步骤1的当归取出，放入适量的热
  水中快速地焯一下，之后用漏勺捞
  出，沥干水分。

3 小锅中放入调味料和小辣椒，开
  火，煮开之后放入当归。继续开中
  火熬制，待调味汁变得浓稠之后转
  成小火，直至煮干。

◎保存方法：冰箱冷藏室里可保存3个月。

4月 盐樱、盐渍樱叶

●●●●●●●●●●●●●●●●●●●●●●●●●●●●

当东京樱花开始凋谢的时候，八重樱开始逐渐盛开。制作盐樱用开至七分的花刚刚好，晴朗温暖的日子一直持续的话，心情也会躁动起来。配上和式点心，或者放在茶里吃也很不错。

叶子要选用东京樱花和八重樱的嫩叶。

八重樱选用开至七分的花朵。

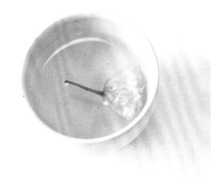

材料与用量（方便制作的量）

八重樱	100g	梅醋	2.5大匙
（开至六成的樱花）		盐	适量
盐	30g		

盐樱

制作方法

1 八重樱用水清洗干净，之后沥干水分。

※八重樱上面可能会有青虫，因此要仔细清洗。

2 将步骤1的八重樱放入密封袋中，撒盐（30g），之后倒入梅醋。

3 排净空气后密封好，之后放在400g的重物（图书等）下面，放置10天左右。

※水分会慢慢渗出来。

4 10天后待水分充分去除，将八重樱仔细地平铺在笸箩上，放在阴凉干燥处2~3天。

5 将盐充分地撒在樱花上面，之后放入储存瓶或容器里即可。

◎保存方法：放置阴凉干燥处可保存6个月。

盐渍樱叶

材料与用量（方便制作的量）

八重樱的嫩叶 50g（樱花嫩叶也可）

盐　　　　　 10g

梅醋　　　　 50mL

推荐食用方法

　　将盐樱放入开水中冲泡，即为樱花茶。浸泡之后会有淡淡的香气。

　　说起樱叶还会想到樱花饼，但是自己制作的话太麻烦了，在家里可以将买回来的团子在中心处按压，之后再搭配上糯米糕小豆粥，就可以大快朵颐了。

制作方法

1 将樱叶清洗干净。

※选用软硬适中的漂亮樱叶。

2 将步骤1的樱叶用开水浸泡一下。之后马上放入凉水中，沥干水分。

3 将樱叶仔细展开，之后一片一片叠起来。

4 将步骤3的樱叶撒上盐之后平铺在密封袋里，倒入梅醋。放到重物（图书等）下面，腌制2~3天（图①）。

◎保存方法：冰箱冷藏室内可保存6个月。

蜂斗菜佃煮（伽罗煮）
蜂斗叶佃煮

佃煮很适合作为米饭配菜和下酒菜。蜂斗菜佃煮口感独特，跟蜂斗叶相比，苦味更明显、更好吃。如果能制作好蜂斗菜佃煮，我的心情会变得很好。

浸泡在水里的蜂斗花茎和叶子，花茎还在生长。最佳食用期在4~6月，过了这个时期就会变硬，影响口感。

蜂斗菜佃煮（伽罗煮）

材料与用量（方便制作的量）

· ·

蜂斗菜	400g（去除叶子）
酱油	100mL
味醂	1小匙
细砂糖	30g
小辣椒	1~2根

制作方法

· · · · · · · · · · ·

1 蜂斗菜去除叶子清洗干净。整齐排放在菜板上，之后撒上盐（分量外），之后用手按压轻轻滚动以去除花茎上的茸毛（图①）（将黄瓜等放在菜板上，之后撒盐并使其滚动），切成3~4cm的长条。

2 将步骤1的蜂斗菜放入热水中快速地焯一下（图②）用漏勺捞出，放在水中浸泡一个晚上去除涩味（图③）。

3 起锅开火，放入酱油和味醂，煮开之后放入步骤2的蜂斗菜（沥干水分），小火煮15~20分钟（图④）。

4 待蜂斗菜煮至变软之后加入细砂糖（图⑤），继续煮。待变得浓稠之后，放入小辣椒（去除种子切成圆圈状），直至煮干。

※煮的过程中，可以用长筷子不停搅拌，防止煳锅。

◎保存方法：冰箱冷藏室内可保存6个月。

蜂斗叶佃煮

材料与用量（方便制作的量）

· ·

蜂斗叶	100g
酱油	2½大匙
酒	2大匙
细砂糖	1小匙
小辣椒	1~2根

制作方法

· · · · · · · · · · ·

1 将蜂斗叶清洗干净，放进热水中焯一下。

※要挑选比较干净、柔软的嫩叶。

2 将步骤1的蜂斗叶用漏勺捞出，放入凉水中，之后沥干水分，切成约1cm宽的小段。再次放入冷水中浸泡一晚上去除涩味。

3 起锅开火，放入酱油和酒，煮沸之后加入步骤2的蜂斗叶（沥干水分），之后转小火再煮15~20分钟。

4 待蜂斗叶变软后加入细砂糖和小辣椒（去除种子切成圆圈状），直至煮干即可。

※煮的过程中，可以用长筷子不停搅拌，防止煳锅。

◎保存方法：冰箱冷藏室内可存放6个月。

蛤 蜊 时 雨 煮

　　春季的蛤肉肥厚，特别鲜美。如果在店里发现了新鲜的蛤肉，请一定要买来试着做一下。另外也很适合用来做便当。

　　※时雨煮是指在鱼肉类中加入姜、花椒熬煮而成的一种料理。

材料与用量（方便制作的量）

生蛤蜊肉	100g
酒	1大匙
味醂	1大匙
酱油	2大匙
细砂糖	1/2～1大匙
生姜丝	少许

制作方法

1 用淡盐水洗净蛤肉，沥干水分备用。

2 把所有材料放入锅中，开中火。煮开后转小火，再煮5分钟左右。

※在煮的过程中，可以用长筷子稍微搅拌一下，使其更加入味。

◎保存方法：放入冰箱冷藏室内可保存1个星期。

生姜杂鱼佃煮

这道菜非常适合放在冰箱里，作为常备菜食用，是一道很适合大人口味的微辣佃煮。采用4月刚上市的新生姜来制作，味道会很柔和。

材料与用量（方便制作的量）

生姜	100g
细砂糖	2大匙
酱油	3大匙
酒	1大匙
小杂鱼	10g

制作方法

1 将生姜清洗干净，切成丝。
2 在锅中加入步骤1的生姜丝和足量的水，煮开。反复两次之后，用漏勺捞出。
3 锅内放入细砂糖、酱油、酒，开大火，煮30秒之后放入步骤2的生姜丝，转成中火继续煮。待汤汁快要煮干时加入小杂鱼，直至煮干。

※采用新生姜制作时，放入热水中快速焯水（1次）去除涩味。

◎保存方法：在冰箱冷藏室内可存放6个月。

5月 黑樱桃罐头

黑樱桃在初夏就成熟了。虽然新鲜的樱桃直接食用也很好吃，但作为罐头可能会更受欢迎。菜谱里用到的地方也很多。另外，用其他品种的樱桃也可以做樱桃罐头。

购买黑樱桃时，要注意挑选有光泽、有弹性的樱桃。

材料与用量（300mL的瓶子3个）

美国黑樱桃	1kg（去核）
水	200mL
细砂糖	300g
柠檬汁	1个
樱桃利口酒	2大匙

制作方法

1 黑樱桃清洗干净，去核（图①）。

※可以买来专门去核的小工具，非常简便。

※使用日本樱桃的话，也可以不去核。

2 将步骤1的黑樱桃、水、细砂糖、柠檬汁放入珐琅锅或不锈钢锅中，开小火，盖上锅盖煮8分钟左右（图②）。

3 加入樱桃利口酒，再煮2分钟左右。趁热放入已经煮沸消毒的瓶子里，倒放后冷却即可。

◎保存方法：开封前可以放6个月。开封后在冰箱冷藏室内可以存放3个星期。

推荐食用方法

　　放在脱水酸奶上，或是加在香草冰激凌上都可以。也可搭配烤蛋糕食用。

黑樱桃法布尔顿蛋糕

材料与用量（12cm×18cm的耐热容器1个）

鸡蛋	1个	牛奶	160mL
细砂糖	30g	无盐黄油	少许
香草豆荚	1cm	黑樱桃	
低筋面粉	40g	（罐头果肉）	10粒
盐	少许		

制作方法

1 在碗中放入鸡蛋、细砂糖，用打蛋器搅拌均匀，加入香草豆荚（刮去种子）、过筛的低筋面粉、盐、牛奶，继续搅拌均匀。

2 将步骤1的面糊倒入抹了无盐黄油的模具中，撒上黑樱桃罐头的果肉。

3 将烤箱预热至180摄氏度后烤40分钟左右即可。

柠 檬 酒

炎热的夏天，喝上一杯调制的冰镇柠檬酒真是酸甜又凉爽。柠檬的上市季节通常是冬天，但是为了能在夏天前做好，我们家每年都在这个时候制作。可以加入冰水或苏打稀释，饮用方法可以随自己喜好而定。

材料与用量（1000mL的广口瓶1个）

柠檬皮	净重150g
（无农药）	
冰糖	100~150g
酒	500mL
（白朗姆、伏特加、蒸馏白酒等）	

制作方法

1 用削皮器削掉柠檬皮。仅将薄薄的黄色皮削下即可，尽量不要带有白色的部分（图①）。

※使用非国产柠檬时，用少量的盐将柠檬皮轻轻揉搓，从而洗掉农药。

2 在已经煮沸消毒过的广口瓶中放入步骤1的柠檬皮、冰糖、酒（图②）放在阴凉干燥处保存。

3 2个星期后取出柠檬皮。3个月左右就可以饮用了。

※如果开始腌制后中途想使用柠檬皮的话，也可以添加新的柠檬皮（这种情况的话，也要放置2个星期左右取出）。

◎保存方法：在阴凉干燥处保存。

推荐食用方法

去皮的柠檬果肉切碎后可以用蜂蜜腌制，或者用在酵素糖浆（p112）里。柠檬果肉可以冷冻。

青梅糖浆
青梅酸味果露

•·•·•·•·•·•·•·•·•·•·•·

　　就要到夏天了，青梅开始
陆续上市了。将青翠的梅子和
冰糖装在瓶子里，耐心地等待
一阵子，清爽又美味的糖浆就
制作完成了。里面的梅肉也可
以食用。

尽量不要使用带伤的青梅。经过处
理后冷冻起来的青梅，还可以再拿
来制作一次。

青梅糖浆

材料与用量（2000mL的广口瓶1个）

青梅	1kg
冰糖	1kg
醋	1/4杯

制作方法

1 将青梅清洗干净，用竹签去除蒂（图①）。
2 沥干水分后，放入冰箱冷冻（图②）。
3 将步骤2的青梅和冰糖轮流放入已经煮沸消毒过的广口瓶中（图③），最后加入醋。
4 为了使冰糖溶化，需要每天上下摇晃瓶子，每天1次，之后在阴凉干燥处放置2个月。

◎保存方法：阴凉干燥处保存即可。

青梅酸味果露

材料与用量（2000mL的广口瓶1个）

青梅	1kg
冰糖	600g
醋	1000mL

制作方法

1 将青梅清洗干净、用竹签去除蒂（图①）。
2 沥干水分后，放入冰箱冷冻（图②）。
3 将步骤2的青梅和冰糖轮流放入已经煮沸消毒过的广口瓶中，加入醋。
4 为了使冰糖溶化，需要每天上下摇晃瓶子，每天1次，之后在阴凉干燥处放置2个月。

◎保存方法：阴凉干燥处保存即可。

左面是腌制了四年的糖浆。右边是用小梅子腌制的。腌制过程中部分梅子会变皱，但只要味道不变即可。

夏季 [summer]

随着阳光变得越来越足，南边的窗户挂起了帘子，我开始为迎接夏天做准备。从青梅上市的时候开始，我就一直关注着像藠头、杏这些旺季成熟期较短的蔬菜和水果。藠头在鸟取农场预定，杏则是在长野果园。送到之前，我就会买齐调味料，取出保存瓶之类的用具并清洗干净，我也一下就变得繁忙起来（但是很开心）。做这些准备工作的时候，梅也已经变黄了，于是开始着手制作梅干，同时还要时刻关注院子里的李子的生长状态，需要在完

全成熟之前摘下来……一年中最忙碌的时候就是6~7月。

小辣椒、红紫苏也是在这个期间成熟。如果不抓紧一切时间准备，就会错过最佳采购时机，所以我会提前拜托农场里的大叔帮忙预留。择菜、切菜工作、择红紫苏叶、择小辣椒叶、取辣椒的种子……每天从早上开始我就要重复这些步骤，好不容易做好了饭，终于可以走到院子里透口气，坐在阴凉的地方给自己来一杯啤酒，作为对自己辛苦工作的奖赏。

梅雨季节一过，梅干的制作终于告一段落。到了盛夏时节，田地里的蔬菜也迎来了收获的高峰期，我每天都去采摘新鲜的蔬菜。西红柿、黄瓜等夏季蔬菜只在夏天才会出现在我家的餐桌上，因为我觉得还是时令蔬菜才是最好吃的。

采摘蔬菜累得大汗淋漓时，来一杯春天酿造的酸味果露或红紫苏糖浆，真是清凉又爽口。有了这些，我就可以从容地度过漫长的夏天了。

MON	TUE	WED	THU	FRI	SAT	SUN

默默地进行藠头的预处理。

腌制完毕！

藠头→p34

※ 小玉每次都会腌制很多（10千克），所以需要2天，如果仅腌制2千克的话，1天就可以完成。

6

预定的大量藠头，终于到货了。 7

8

9

10

采购了有"和平"之称的杏。

13

杏罐头→p38 14

15

杏糖浆→p41 16

18

19

这段时间，一直在不停地轮流制作藠头、杏、梅子，忙得不可开交。

梅子黄了。 22

23

开始准备制作梅子。 25

26

梅干→p42

梅醋制作好开始准备制作红紫苏

28

枇杷上市了。

姐姐送了我开士米山羊绒挂件，是她亲手编织的，我挂在了藠头瓶的上面。

June 6

MON	TUE	WED	THU	FRI	SAT	SUN

院子里的柠檬结果了。

我的邻居（马场场主），一直承蒙他的关照。

图为我在院子里摘到的李子，虽然是小树，但是却结了50多个果子。

2

摘红紫苏。

我特别喜欢李子，所以做了许多。

院子里的蓝莓丰收啦！

12　13　14

糖浆煮李子 →p46

红紫苏糖浆 →p48

梅雨季节结束

梅干→p42

连续三天放在太阳底下晾晒。此时是制作梅干的黄金时间。

23

朝天椒叶佃煮 →p52

摘朝天椒叶子是我每年都要进行的工作……

26

变红的果实晒干后用来制作料理。

July 7

MON	TUE	WED	THU	FRI	SAT	SUN

在体验农场里收获的夏季蔬菜。

这些叶子可以放在冰箱里用来除臭。

谷中（地名）当地产的生姜。

1

把小番茄晒成番茄干。

5

甜醋生姜（腌姜） →p56

7

甜醋山姜 红梅醋山姜 →p58

8

橄榄油腌制番茄干 →p109

9　10

腌红姜 →p54

12　13

16　18　19　20

制作泡菜啦！

23

改良口感的方法：浆果姜汁糖浆兑苏打可以使其冰凉的口感变得温和。 →p50

26

浅渍泡菜 →p118

August 8

033

6月 藠头

腌渍藠头是我们家不外传的私房菜谱。但是这次是例外哦！用盐腌制之后再放到醋里浸泡也可以，但是这个方法极其简单还特别好吃，强烈推荐！

刚刚收到的藠头。藠头会发芽，所以千万不要暴晒，买回来后马上制作比较好。

藠头塔塔酱

材料与用量（方便制作的量）

藠头	5粒
欧芹	1根
蛋黄酱	4大匙
酸奶	2大匙
盐、胡椒碎	各少许

制作方法

将藠头、欧芹切成末，之后将所有材料混合均匀。

※可以搭配蒸蔬菜一起食用。

藠头番茄沙拉

材料与用量（方便制作的量）

番茄		3个
香菜		1把
a	藠头	5~8粒
	藠头汁	1大匙
	色拉油	1大匙
	胡椒碎	适量
	鱼露	适量

制作方法

1 将番茄和香菜切成适口大小。

2 将藠头切成末，放入调料a中混合均匀，做成调味汁。

3 将步骤1和步骤2的材料直接拌匀即可。

腌渍藠头

制作方法

1 将藠头放入大碗中，用水清洗干净。剥去外皮并将其一片一片掰下来（图①）。

2 将步骤1的藠头用漏勺捞出，切下根和芽的部分（图②）。

3 将步骤2的藠头沥干水分（图③）。放入已经煮沸消毒的广口瓶中，之后再放入小辣椒（去掉子）（图④）。

4 在珐琅锅或不锈钢锅中放入味醂、醋、盐、细砂糖煮30秒（图⑤），之后趁热倒入步骤3的广口瓶中（图⑥）。

放到阴凉干燥处储存1个月。

◎保存方法：放在阴凉干燥处保存即可。

材料与用量（2000mL的广口瓶1个）

藠头	2kg	盐	1/2杯
味醂	180mL	细砂糖	316g
醋	720mL	小辣椒	2~3根

藠头豆苗沙拉

材料与用量（约4人份）

鸡胸肉	3条		藠头	5~10粒
豆苗	1包		藠头汁	1大匙
盐	1/3小匙	a	色拉油	1/2大匙
酒	1杯		香油	1/2大匙
姜片	1片		盐、胡椒碎	适量

制作方法

1 鸡胸肉上用盐腌制。锅中放入酒和生姜并煮开，放入鸡胸肉焯一下。之后取出，趁热将鸡胸肉撕成细丝备用。
2 将藠头切成末，放入调料a中混合均匀做成调味汁。
3 将豆苗、步骤1和步骤2的材料直接拌匀即可食用。

藠头炒牛肉

材料与用量（约4人份）

牛肉片	300g		藠头	10~15粒
青辣椒	10个		香油	适量

	藠头汁	2大匙
	酱油	1½大匙
a	蚝油	1大匙
	细砂糖	1小撮
	胡椒碎	适量

制作方法

1 将藠头纵向切成两半，再切掉绿辣椒的根部。
2 将调料a充分搅拌备用。
3 锅加热，倒入香油，然后炒牛肉。
4 炒熟之后放入青辣椒、藠头继续翻炒，最后放入步骤2的调味料混合均匀，出锅前再淋上一滴香油即可。

杏罐头

　　我家附近有一条林荫大道，两旁种满了杏树，6月长满果实的时候，我就迫不及待想要制作杏罐头。

　　我超级喜欢吃酸酸甜甜的杏，每年都会用杏制作许多罐头。

每年我都会从长野县的千曲市订购用来制作罐头的杏。今年是用有"和平"之称的杏制作的。

材料与用量（350mL的瓶子3个）

....

杏	20个
细砂糖	250~300g
水	200mL
柠檬（挤汁）	1/2个

制作方法

....

1 将杏洗净切成两半，去核（图①、图②）
※果核可以拿去泡酒（做法可以参照p121）。
※杏的上市时间非常短暂，能买到的时候可以尽量多买一些，简单处理过后放入冰箱的冷冻室里保存，这样就可以随时制作了。

2 将细砂糖、水、柠檬汁放进珐琅锅或不锈钢的锅中煮开，做成糖浆。

3 将步骤1的杏放入步骤2的糖浆中，再次煮开后转小火煮1~2分钟（图③）。

4 趁热放入已经煮沸消毒的瓶子里，之后倒过来放置冷却即可。

◎保存方法：开封前可保存6个月。开封后在冰箱内可冷藏3个星期。

推荐食用方法

....

　　可以和酸奶一起吃，夏天也可以放在刨冰上。把冷冻的杏（果肉和糖浆）、橙汁、水放入搅拌机里搅拌均匀做成冰沙也很好吃。

杏糖浆

香甜可口的杏糖浆。制作的时候，看着细砂糖一天天地溶化，我都感到特别幸福。

材料与用量

（1000mL的广口瓶1个）

杏	500g
细砂糖	300g
醋	2大匙

制作方法

1 将杏清洗干净，去蒂。

2 沥干水分，冷冻备用。

3 将步骤2的杏和细砂糖轮流放入已经煮沸消毒的广口瓶中（图①），最后加入醋。

4 为了使细砂糖溶化，需要上下摇晃瓶子，每天1次，待细砂糖全部溶化后，在阴凉干燥处放置2个月。

※中途如果把杏肉取出来的话，就变成美味的糖浆了。

◎保存方法：阴凉干燥处可保存6个月。

梅干

制作梅干时，要用盐腌制，还要根据天气情况安排后续工作，直至顺利完成。制作好的梅干因为没有任何添加剂，所以特别美味，吃着也很安心。一开始是因为想做点红梅醋所以才制作梅干，现在制作梅干已经成为了每年夏天的惯例。

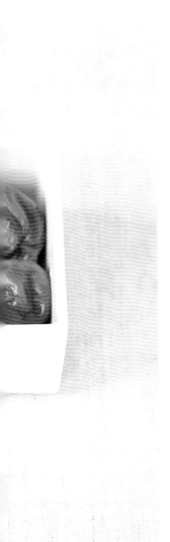

制作梅干时需要使用黄色的熟透的梅子。如果买来的时候有些发青，那就等它完全成熟之后再制作。成熟之后会有满满的果子香气。

红紫苏和黄色的梅子几乎同时上市，在超市都可以购买。照片上是我用散落的种子培育出来的红紫苏田。

制作方法

[腌制梅子]

1 用竹签将梅子的根部去除，之后清洗干净。

2 放入水中浸泡30～60分钟（图①），用毛巾擦干表面的水分（图②）。

※根部分的水分也要充分擦干。

3 清洗腌制容器，放入热水中充分清洗，之后晾干备用

4 将梅子放入大碗中，之后在喷雾器中放入烧酒，均匀地喷洒在梅子上面，最后撒上1/4的盐腌制一下（图③）。

※盐的用量可以根据自己的喜好进行调整。

5 在步骤3的容器底部撒上少许盐，梅子根部也要撒上盐，之后轮流放入梅子和盐。最后将剩下的盐全部倒进去（图④）。

※碗中剩余的盐也一并放入容器中。

6 盖上盖子（木质盖等），之后在上面压上重物（梅子重量的2倍）。再用报纸等（透气性比较好的）盖上，放到阴凉干燥处保存（图⑤）。

7 3～5天后，梅醋（浸泡出来的水分）可以将梅子完全覆盖后（图⑥），将用来压梅子的重物的重量减半。

※用盐浸泡之后出来的液体就叫做"白梅醋"。

材料与用量（方便制作的量）

梅子	2kg
烧酒	适量
盐（梅子用）	300g（约梅子重量的15%）
红紫苏	1束（叶子250克）
盐（腌紫苏用）	50克（约紫苏叶重量的20%）

[加红紫苏]

8 将红紫苏的叶子一片一片地摘下来，称好重量（图⑦）。用水清洗干净，之后用漏勺捞出，沥干水分。

9 碗中放入红紫苏，加入1/2的盐充分揉匀。会有浮沫产生，要充分挤压，将水分挤掉（图⑧）。

10 放入剩下盐量的1/2，同样揉匀（图⑨），挤干水分。

11 把剩下的盐全部放进去，揉匀，挤干水分（反复3次）。

12 在挤干的红紫苏中加入1大匙左右的白梅醋（步骤7）稀释一下。就变成了漂亮的红色（红梅醋）。

13 将步骤7的白梅醋留下略高于梅子的分量，剩下的部分取出。

※这个白梅醋还可以使用，所以要转移到别的瓶子里保存（用法可以参照p21、p55的做法）。

14 将步骤12的红紫苏放到梅子上面（图⑩），再压上重物直到梅雨季节结束，在阴凉干燥处保存。

[晒干]

15 提前关注天气预报，好天气可以持续3天左右的时候，把梅子放在笸箩里摊开晾在阳光下。中途要将梅子上下翻面。将红紫苏的水分拧干，之后将其分开，平摊晾干。梅醋连同容器一起也要晒（仅第1天）（图⑪）。

第一天晾晒8小时左右，把梅子放回梅醋的容器里（红紫苏不放回去）。

第二天晾晒8小时之后，放进屋内（仍然摊开放在笸箩上）。

第三天晾晒一天一夜。

16 将梅子和红紫苏放入保存容器，倒入红梅醋。

※干燥的红紫苏放在搅拌机里搅拌一下，就变成紫苏粉了。

※剩下的红梅醋放到别的瓶子里保存（用法可以参照p55、p59、p71的做法）。

◎保存方法：在阴凉干燥处保存。

笸箩的左侧是没放红紫苏的梅子。

紫苏粉是我制作梅干时的额外收获。

7 月　糖浆煮李子

　　糖浆煮李子是我的最爱。每年我都会做200个左右，之后装在袋子里冷冻备用。炎热的夏天可以直接咬着吃，或者作为礼物送给朋友。在夏天我家的冰箱里总是摆满了冷冻李子。

几年前，我在院子里种的李子树结了很多果实，我把这些果实都做成了糖浆煮李子。除了李子之外，黄李子、西梅等也可以用同样的方法制作。

材料与用量（方便制作的量）

李子	约10个
细砂糖	130～150g
水	1000mL（稍稍没过锅里的李子就可以）
柠檬（挤汁）	1/2个

制作方法

1 将李子清洗干净，去掉根的部分。用树脂刷子等刷掉李子上面的白霜（果霜）（图①）。

2 将水、细砂糖、步骤1的李子放入珐琅锅或不锈钢锅中，用小火或中火煮10分钟左右（图②）。

3 加入柠檬汁，关火（图③）。煮的时候李子皮如果脱落的话，用长筷子轻轻剥掉即可（图④）。

※也可以带皮吃。

4 放在锅中冷却（热的时候果肉容易掉下来）。因为保质期不是很长，所以要把李子和糖浆装在小塑料袋里（图⑤），冷冻保存。

◎保存方法：在冰箱可以存放1个星期。冷冻的话可以保存3个月。

红紫苏糖浆

因为我要控制糖分的摄入所以我选择制作这种清爽型的红紫苏糖浆。用水或苏打稀释之后，极其美味。

虽然摘红紫苏叶子这项工作很花费时间，有时还会在叶子上发现虫子，但同时我也很享受这个制作的过程。

材料与用量（500mL的容器1个）

红紫苏	2捆（叶子500g）
水	500mL
细砂糖	100g
醋	60mL

制作方法

1 将红紫苏的叶子一片一片地摘下来，称好分量（图①）。用水清洗干净，之后用漏勺捞出，沥干水分。

2 在珐琅锅或不锈钢锅中放入500mL水煮沸，放入步骤1的红紫苏叶。叶子全部浸入水中，煮2分钟左右（图②、图③、图④）。

※叶子的量稍微有些多，焯水的时候用长筷子将已经放入锅中的红紫苏叶用力向下压，之后再接着放红紫苏叶。

3 将步骤2的红紫苏叶过滤一下（图⑤）。轻轻挤压，挤出红紫苏叶的汁。

4 将红紫苏汁重新放入锅中，开小火，之后放入细砂糖（图⑥）。待细砂糖溶化之后关火，最后放入醋。

5 冷却之后放入已经煮沸消毒的容器中即可。

◎保存方法：在冰箱里可以存放6个月。

尽量使用深色的新鲜的红紫苏叶。

浆果姜汁

　　这款饮品带有浓厚的香料气息，可用来制作能给夏日久居空调房的人带来一丝暖意的姜汁饮料，适合大人饮用。也可加冰或者用苏打稀释一下后饮用。不稀释直接淋在冰激凌、鲜奶冻上面也很好吃。

从右上角开始按顺时针方向依次是黑胡椒、小豆蔻、丁香、生姜、桂皮。可用来制作具有特殊香气的糖浆。

材料与用量（400mL的瓶子1个）

生姜	100g
浆果	50g
（覆盆子、草莓、黑莓等）	
细砂糖	70g
蜂蜜	1大匙
桂皮	1根
丁香	4粒
小豆蔻	1粒
黑胡椒	10粒
柠檬（挤汁）	1个

① ②

制作方法

1 将生姜切成薄片（只留下1片备用）。和浆果一起放入珐琅锅或不锈钢锅中，之后撒上细砂糖，淋上蜂蜜，常温状态下放置半天左右（图①）。

2 将剩下的生姜切成丝放入锅中。放入所有的调味料小火煮20分钟左右（图②）。最后加入柠檬汁。

3 耐热碗上面放上漏勺，再铺上棉布，将步骤2的材料过滤一下。之后放入已经煮沸消毒的瓶子中保存即可。

◎保存方法：在冰箱里可以存放2个星期。

朝天椒叶佃煮

从我决定制作保鲜食物开始，第一个制作的就是这个佃煮。在那之前都是买现成的，自己制作之后发现竟然格外好吃。之后这道菜就变成了我家不可或缺的一道菜，每年的这个时节我都会制作好一年食用的量。

图为一捆连叶辣椒。已经成熟、变红的辣椒中夹杂着一些绿色的辣椒，制作佃煮只使用绿色的未成熟的辣椒。红色的将其晒干做成红辣椒，做菜时使用。

材料与用量（方便制作的量）

朝天椒	2捆（叶子和辣椒各150g）
酱油	1杯
味醂	3大匙
细砂糖	1小匙

制作方法

1 将辣椒和叶子分别摘下来，称好重量（图①）。

※这里只使用绿色的未成熟的辣椒。尽量挑选小一点的。也可以选用大辣椒。

※辣椒的量决定辛辣的程度。根据个人喜好可以进行调整。喜欢辣味的话就多放些辣椒。

2 将叶子和辣椒清洗干净，沥干水分。

3 大锅里放水，煮沸，把叶子稍微焯一下。之后放入冷水中浸泡，挤干水分。将辣椒切成圈状（图②）。

4 锅中放入酱油、味醂、细砂糖煮沸，之后放入叶子和辣椒。煮到只剩一点汤汁即可（图③）。

※煮的过程中，可以用长筷子不停搅拌，防止煳锅。

◎保存方法：放在冰箱里可保存1年。

推荐食用方法

　　寒冷的冬日清晨，可以放在白米饭上做成茶泡饭，也可以搭配粥一起食用。

8月 腌红姜

用制作梅干时得到的红梅醋腌制谷中生姜就可以制作出腌红姜。

也可以在市面上购买红梅醋。

选择根部比较
粗大的生姜。

材料与用量（方便制作的量）

谷中生姜　　　　净重300g
盐水（浓度为10%）500mL（加入50g盐）
红梅醋　　　　　300mL

制作方法

....

1　将水和盐放入锅中加热，盐溶化后关火，冷却备用。

2　切去绿色的部分，只留下红色的茎，之后清洗干净。

※如果生姜上带有泥土，可以使用牙签等将其清理干净。

3　将步骤2的生姜放入盐水（没过生姜）中，腌一个晚上（图①）。

4　将步骤3的生姜清洗干净，沥干水分，在阳光下晾晒半天（图②）。

5　放入已经煮沸消毒的瓶子里装好，倒入红梅醋（没过生姜），之后压上重物腌制4~5天（图③）。

※重物可以使用小碟子、小石头、装了水的瓶子等。

6　将步骤5的生姜平铺在笸箩上，再晾晒半天左右（图④）。中途要翻一下面，均匀地晾晒。

7　将生姜重新放入已经煮沸消毒的瓶子里装好，再次倒入步骤5中用过的红梅醋，腌制一个星期左右。

※梅醋是制作梅干时获得的。制作腌红姜时，晒干再次腌制的时候倒入新的红梅醋比较好，我家能用的红梅醋不多，所以我就重复利用了。如果家里红梅醋比较少的情况下，加入苹果醋也可以。

※如果有白梅醋，也可以先用白梅醋，最后用红梅醋来制作。

※简单制作方法：1 将生姜切成薄片。2 用盐水简单腌制一下。3 在笸箩上摊开晒干。4 放入红梅醋中腌制。

◎保存方法：在冰箱内可保存1年。

推荐食用方法

....

需要的时候可以切丝，搭配蒸饭、牛肉盖浇饭、炒面、大阪烧等一起食用。

甜醋生姜（腌姜）

　　吃寿司必不可少的"腌姜"。我想使用本地生姜来做，所以选择了谷中生姜，用新生姜也可以做。

材料与用量（方便制作的量）

谷中生姜（或者新生姜）	净量300g
盐	少量
醋	1杯
细砂糖	1/3杯

制作方法

1 生姜清洗干净，切成薄片。在笸箩上摊开之后撒盐，放置5~10分钟（图①）。

※只使用白色部分。

※如果生姜上带有泥土，可以使用牙签等将其清理干净。

2 将沸水浇在步骤1的生姜上（图②）。

3 将醋和细砂糖放入珐琅锅或不锈钢锅中加热，待细砂糖溶化后冷却备用。

4 将步骤2的生姜沥干水分，放入已经煮沸消毒的容器中。倒入步骤3的汤汁（图③），用干净的勺子等将姜片压实，把空气排干（图④）。

※做完马上就可以食用。

※姜片接触空气会产生霉菌，因此在保存的时候要注意保证汤汁没过生姜片。

◎保存方法：放置冰箱里可保存1年。

推荐食用方法

炎热的夏季，可以搭配稻荷寿司（日式传统料理，用入味豆皮包裹寿司饭而成）摆到餐桌上作为清爽的间食来食用。

甜醋山姜
红梅醋山姜

使用夏天才有的香气十足的蔬菜，稍微花点时间就可以享受这种美味了。山姜的旺季很长，从夏天到秋天，所以每次不用做太多，冰箱里没有存货时随时做新的即可。

7~8月上市的山姜称作"夏山姜"，9~10月上市的称作"秋山姜"，当然无论使用哪种制作都可以。照片上是秋山姜，特点是颗粒大、香气十足。

甜醋山姜

材料与用量（方便制作的量）

山姜	约10个
醋	1杯
细砂糖	1/3杯

制作方法

1 将醋和细砂糖放入珐琅锅或不锈钢锅中加热，待细砂糖溶化后关火，冷却备用。
2 将山姜清洗干净纵向切成两半，快速焯一下水，之后沥干水分。
3 将步骤1的汤汁和步骤2的山姜放入已经煮沸消毒的瓶子中，腌制1天左右即可。

◎保存方法：放在冰箱里可保存1个月。

红梅醋山姜

材料与用量（方便制作的量）

山姜	约10个
盐	1把
红梅醋	适量

制作方法

1 在山姜上撒盐，放置一个晚上。
2 将步骤1中的山姜擦干水分后整齐地放进已经煮沸消毒的储存瓶中，倒入红梅醋（没过山姜），腌制1天左右即可。

※腌制的时候如果红梅醋不够，也可以使用苹果醋。

◎保存方法：冰箱内可放置3个月。

推荐食用方法

　　腌制好就可以直接吃啦！也可以切成细条之后放在凉豆腐上或撒在沙拉上作为点缀。

秋 季 [autumn]

虽然进入9月就已经到了秋天，但是炎热的天气仍然在继续。就这样迎来了可以吃我喜欢的桃子的季节。可以放在冰箱里冰镇一下之后吃，也可以做成经典的桃罐头。小时候，感冒时妈妈总是给我黄桃罐头吃，我特别喜欢，可能是因为儿时美好的回忆吧！每年这个时节我一定会制作黄桃罐头。

到了10月，紫苏也迎来了收获的季节。因为我要买很多，所以一直不停地采买真的是很辛苦，因此我会拜托农田里的大叔给我预留出来。有一年，我拜托的大叔把我交代他的事情忘到了脑后，可能是看到我特别失望，所以他特意去认识的农田里帮我采购，真是心地善良的大叔。

托大叔的福，每年我都能顺利采购到用于制作佃煮的紫苏。因为我家会制作很多，所以切、刮这些工作是个大工程（大约需要2小时）。这种细致的工作虽然很麻烦，但是我很喜欢。也可以说是一种兴趣吧！

桃子收获之后，也迎来了葡萄、柿子的成熟。秋天的水果尤其好吃。其中我最喜欢的是加州梅和李子，每年我都会从北海道的余市订购。从快递小哥手里接过箱子，淡淡的水果香气就开始在空气中飘散。仅仅是这香味就已经让我感到很幸福了。

11月开始，公园的林荫树开始结满银杏和海棠果，旁边的柿子树也挂满了果实。"每年都结满果实，又提醒我们季节变换的果树，真是了不起呢！回到家中，我将要分给大家的苹果袋子挂在玄关处。难得的是我每年都能收到从各个地方寄来的苹果，有用酒腌制的、有切片晒干的、有做成罐头的、还有做成苹果酱的、各种各样的做法。煮苹果时，整个房间都弥漫着苹果的香气，我也伴着香甜的气息度过了许多个漫长的秋夜。

MON	TUE	WED	THU	FRI	SAT	SUN

1

加州梅罐头
→ p68

4

秋天的罐头
→ p62

收到北海道余市寄来的阿部先生寄来的加州梅和李子。

芝麻饭调料
→ p97

散寿司调料
→ p96

这是郊游和野餐的季节。

13

试着将石榴和细砂糖等量腌制。很期待会变成什么味道。

22

大米种植户山崎先生送来了新米。

每年都会收到的白桃。

18

芝麻花是这样的。

芝麻的果实。待干枯后取出种子（芝麻）。

29

图片为2人份的鸡蛋便当。把散寿司做成小饭团。

September 9

| MON | TUE | WED | THU | FRI | SAT | SUN |

在田地里挖的花生用盐水煮一下。

2

果子酒
→ p120

用紫苏的果实和小叶子做佃煮。

6　　7　　8　　10

紫苏果实和叶子佃煮
红梅醋腌制红紫苏果实
→ p70

葡萄和梨上市了。

13　　14　　17

将紫苏的果实和叶子都摘下来。

18　　19　　21　　23　　24

调味汁
→ p94

29

葡萄糖浆
→ p72

30

田地旁边刚挖的牛蒡。

27

一到深秋就想吃煮物了呢。

October **10**

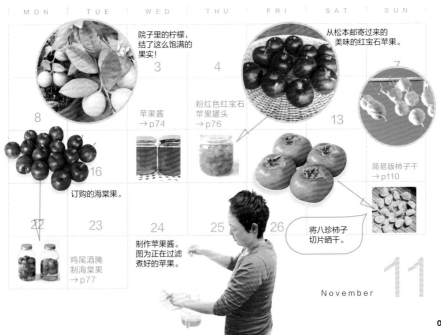

| MON | TUE | WED | THU | FRI | SAT | SUN |

院子里的柠檬，结了这么饱满的果实！

3　　4

从松本邮寄过来的美味的红宝石苹果。

7

苹果酱
→ p74

粉红色红宝石苹果罐头
→ p76

8　　13

16

订购的海棠果。

简易版柿子干
→ p110

22　　23　　24　　25　　26

鸡尾酒腌制海棠果
→ p77

制作苹果酱。图为正在过滤煮好的苹果。

将八珍柿子切片晒干。

November **11**

061

9月　秋天的罐头

　　9月应该已经是秋天了。但是像夏天一样炎热的天气还在持续。这种时候就总是想吃一些用秋天的水果制作而成的又甜又凉的东西。

　　罐头的制作过程出乎意料的简单，所以一定要尝试着做一下。

黑胡椒梨罐头

苹果什锦罐头

苹果罐头

黄桃罐头

◎保存方法：

趁热放入已经煮沸消毒过的瓶子里的情况下。	→	开封前可以存放6个月。开封后放入冰箱，可以保存3个星期。
放在普通的储存容器中的情况下。	→	放入冰箱，可以保存3个星期。
开封没有吃完的情况下。	→	推荐冷冻保存。

[**制作罐头的要点**]

● 使用的水果，尽量使用新鲜没有熟透的水果。熟透的水果容易煮烂。
● 给孩子吃的情况下，不要加白葡萄酒，建议稍微多加点水。
● 可以根据自己的喜好来调整口味，加入香料、多放些柠檬或者葡萄酒。
● 如果减少糖的使用量，那么保存时间会变短。

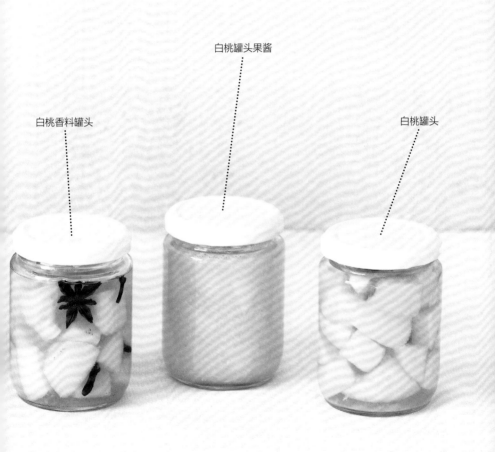

白桃罐头果酱

白桃香料罐头

白桃罐头

白桃罐头

用旺季过后的桃子来制作正合适。香甜清凉的罐头，太好吃了。

制作罐头时尽量使用果肉硬一点的桃子。

香料罐头

除了使用右边的材料以外，还要加入1根桂皮、1/2根香草荚、2个丁香、1个八角，用同样的做法制作就可以。

罐头果酱

在桃子（步骤2中的）煮熟之前取出一半，放入搅拌机中搅拌一下，之后再次放入锅中（也可以在锅中用木勺或叉子将其轻轻压碎）。再煮1~2分钟即可。

材料与用量（300mL的瓶子2个）

白桃	3个
细砂糖	140g
白葡萄酒	200mL
水	120mL
柠檬（挤汁）	1个

制作方法

1 将白桃用热水烫20秒左右，之后放入冷水中，剥掉皮（图①）。切成适口大小，之后加入柠檬汁（图②）。

※不切成小块，对半切开去掉桃核，就可以用来制作漂亮的甜点了。

2 将步骤1中的桃子和其他材料放入珐琅锅或不锈钢锅中，大火烧开。之后撇去浮沫（图③），转小火盖上盖子（图④）。再煮10~15分钟，直到桃子表面变得透明、汤汁变黏稠。

黑胡椒梨罐头

梨特有的细腻的口感,夹杂着黑胡椒和生姜的辛辣口味,吃起来特别清爽。

材料与用量(300mL的瓶子2个)

梨	2个
水	200mL
白葡萄酒	200mL
细砂糖	80g
薄切生姜片	2片
柠檬汁	少许
蜂蜜	2大匙
黑胡椒	10粒左右

制作方法

1 将梨清洗干净,去皮、去子,切成适口大小。
※图片是将黑胡椒压入梨中煮制而成。
2 将步骤1的梨和其他材料放入珐琅锅或不锈钢锅中,大火烧开。之后撇去浮沫,转小火,盖上盖子。继续煮20~30分钟至果肉变得透明。

黄桃罐头

和白桃的口感不同。黄桃的口感更软。鲜黄桃是我几年前在店里发现的。我最喜欢的罐头就是黄桃罐头了。

材料与用量(300mL的瓶子2个)

黄桃	3个
水	250mL
白葡萄酒	250mL
细砂糖	120g
蜂蜜	1大匙
柠檬皮	半个

制作方法

1 将黄桃用开水烫20秒左右,之后放入冷水中,剥皮,切成适口大小。
2 将步骤1的黄桃和其他材料放入珐琅锅或不锈钢锅中,大火烧开。撇去浮沫,转小火,盖上盖子。继续煮20~30分钟,直到黄桃表面变得透明。

苹果什锦罐头

苹果为主要原料。加入水果干后味道也会变得酸甜，最近很受大家的喜爱。

材料与用量（300mL的瓶子2个）

苹果	2~3个
水	200mL
白葡萄酒	100mL
细砂糖	120g
柠檬（挤汁）	1个
水果干	适量

（葡萄干、蔓越莓、杏等）

苹果罐头

不加水果干，只用苹果制作当然也很好吃。

制作方法

1 将苹果清洗干净，去皮、去子，切成适口大小。
2 将步骤1的苹果和水、白葡萄酒、细砂糖、柠檬汁放入珐琅锅或不锈钢锅中，大火烧开。撇去浮沫，转小火，盖上盖子。继续煮20~30分钟，直到苹果表面变得透明。
3 快煮开的时候加入水果干。

※如果开始的时候就加入水果干，水果干会煮碎。

薄 饼

材料与用量（直径18cm×4张）

鸡蛋	1个
牛奶	20mL
细砂糖	2大匙
盐	一把
低筋面粉	100g
泡打粉	2小匙
黄油	适量

制作方法

1 在碗中将鸡蛋打散，加入牛奶、细砂糖、盐之后将其搅拌均匀。

2 在步骤1的材料中加入低筋面粉和泡打粉，搅拌均匀备用。

3 平底锅加热，加入黄油，将步骤2的面糊（每一勺为一张薄饼的分量）倒入锅中煎熟即可。

罐头的推荐食用方法

　　可以搭配酸奶，也可以加鲜奶油做成冰沙。可以根据自己的喜好任意制作。薄饼+马斯卡邦尼、奶酪+黄桃罐头是我最喜欢的组合。

加州梅罐头

发现了新鲜的露天生长的梅子，摘下来尝了一下，好酸……，回家后试着煮了一下，竟然意外的好吃！它独特的糯糯的口感让人欲罢不能。

推荐食用方法

加州梅罐头还是和酸奶搭配最好吃。

制作方法

1 将加州梅清洗干净，去蒂。梅子上的白霜用树脂刷子等清除（图①）。

※加州梅上的白霜是为了保护果子不受虫害等而分泌的粉末。除了梅子之外、蓝莓、李子、柿子等也有。

2 将步骤1的加州梅、水、白葡萄酒、细砂糖、柠檬汁放入珐琅锅或不锈钢锅中，小火煮10~15分钟。中途如果有浮沫就将其撇出（图②）。

3 待加州梅变软后（图③），放入蜂蜜再煮1~2分钟，关火。

◎保存方法：冰箱内可保存1个星期。和糖浆煮李子（p46）一样，一个一个放进袋子里冷冻，可以存放6个月。

材料与用量（500mL的瓶子1个）

加州梅	700g
水	40mL
白葡萄酒	120mL
细砂糖	45g
柠檬（挤汁）	半个
蜂蜜	2大匙

北海道余市的阿部先生寄来的加州梅。可以直接冷冻，想吃的时候随时煮。

10月 紫苏果实和叶子佃煮
红梅醋腌制红紫苏果实

　　饱满的紫苏果实，咬一口就会满口留香。为了制作美味的佃煮经历了极其辛苦的过程。搭配刚刚煮好的米饭也非常好吃，用来做下酒菜也极其适合。

紫苏果实和叶子佃煮

材料与用量（方便制作的量）

紫苏果实（绿色）	30g
紫苏叶（绿色）	10g
酱油	4大匙
酒	2大匙
味醂	1~2大匙
细砂糖	1小匙
小辣椒	少许

制作方法

1. 将紫苏果实从茎上剥下来（图①），摘下叶子，称好重量（图②）。
※叶子要尽量选择小一点的。
2. 将叶子和果实清洗干净，沥干水分，放在漏勺上。
3. 锅里加水烧开，放入步骤2的叶子和果实。用长筷子压一下，待其全部浸在热水里后，马上用漏勺捞出并沥干水分。
4. 锅中放入酱油、酒、味醂、细砂糖、去子的小辣椒，开火，煮开后放入步骤3的材料，中火煮干。
※煮的过程中，需要用长筷子不断搅拌，防止煳锅。

◎保存方法：冰箱内可放置6个月。

红梅醋腌制红紫苏果实

材料与用量（方便制作的量）

红紫苏果实	30g
红梅醋	100mL

制作方法

1. 将红紫苏果实从茎上剥下来，称好重量。
2. 锅里烧开水，将步骤1的果实在开水中迅速焯一下，之后用漏勺捞出，充分沥干水分。
3. 将步骤2的果实放入已经煮沸消毒的保存瓶中，倒入红梅醋（没过果实），腌制4~5天即可。

◎保存方法：冰箱内可放置6个月。

一到秋天就长满了绿紫苏和红紫苏（图片为绿紫苏）。我经过不懈的努力采摘了许多。

葡 萄 糖 浆

葡萄的种类不同，成品的味道和颜色也各不相同。

用麝香葡萄制作糖浆，味道最好。我总是在旺季时制作，那个时候葡萄的价格会比较便宜。

又大又饱满的巨峰葡萄。可以生吃，吃不完的葡萄就可以做成糖浆。

材料与用量（800mL的瓶子1个）

葡萄	600g

（巨峰、坎贝尔葡萄、玫瑰香葡萄、贝利麝香葡萄、麝香葡萄等）

水	400mL
细砂糖	150～250g
柠檬（挤汁）	半个

制作方法

1　葡萄摘下后，洗净。放入珐琅锅或不锈钢锅中，之后用木铲或手将其轻轻碾碎（图①）。
※葡萄根据种类的不同，皮和子周围可能会有苦味。这种情况下不要压碎，把果实切成一半再使用。

2　在步骤1的锅里放入水、细砂糖、柠檬汁，开中火熬制，盖上锅盖煮10～15分钟（图②）。中途如果出现浮沫就将其撇出来（图③）。
※细砂糖的量可以根据葡萄的甜度或个人喜好来调节。

3　在耐热碗上放上漏勺，再放上滤布，将步骤2中的材料进行过滤（图④）。
※不要按或者挤压葡萄，等待葡萄汁自然过滤。

4　将糖浆放入已经煮沸消毒的瓶子里保存。

◎保存方法：冰箱内可放置3个月。

11月 苹果酱

使用红宝石苹果制作的口感类似布丁的果酱。慢慢地耐心地煮，直到苹果熬至黏糊状。虽然比较花费时间，但是品尝那种酸酸甜甜的味道，真的是一种享受。

红宝石苹果呈鲜艳的深红色。做成苹果派也不错，但我还是喜欢苹果酱。

材料与用量（300mL的瓶子2个）

红宝石苹果	2kg
水	1500mL
柠檬（挤汁）	1个
细砂糖	苹果汁的1/2量

制作方法

1　将苹果清洗干净，切成四块。

2　将步骤1的苹果和水放入珐琅锅或不锈钢锅中，开火煮（图①）。按大火→中火→中小火的顺序调整火候，煮2~3小时直至汁水变得黏稠（图②）。

3　用滤布做成袋子，展开放在大一点的碗中，将步骤2的材料倒进去（图③）。之后将袋子的口系上，挂起来，放置12小时充分过滤（图④）。

※不要按或挤压苹果，等待苹果汁自然过滤。

4　将步骤3中过滤出来的苹果汁和柠檬汁、细砂糖放入锅中，开中火熬制（图⑤）。用木铲搅拌使细砂糖充分溶化，直至黏稠（图⑥）。

※熬制时间可以根据自己的喜好来调整，变凉之后会变硬，所以煮的时候要随时观察，如果喜欢8成的硬度，那么在6成硬度的时候关火即可。

※可以在冰镇的不锈钢盘子上放上一点步骤4的果酱，观察它的流动状态，就知道硬度了。慢慢地摊开就是比较硬，缓慢流动就是比较软。可以多尝试几次，找到自己喜欢的硬度。

※过稀没有形成果酱状的情况下，需要继续熬制。

5　趁热放入已经煮沸消毒的瓶子里，倒置冷却即可。

◎保存方法：开封前可放置6个月。开封后冰箱内可放置1个月。

推荐食用方法

　　在法棍面包上放上奶油奶酪和苹果酱食用。也可搭配白葡萄酒。除此之外，还可以涂在吐司上，或者倒在红茶里。

粉红色红宝石苹果罐头

鲜红漂亮的红宝石苹果。连着皮一起煮，就做成了漂亮的粉红色的罐头。

材料与用量（500mL的瓶子1个）

红宝石苹果	2个
水	300mL
细砂糖	120g
柠檬（挤汁）	1个

制作方法

1 苹果清洗干净，削皮。皮也要用到，所以不要扔，留下备用。去掉核和子，切成适口大小，浇上柠檬汁。

2 将步骤1的苹果、苹果皮、水、细砂糖放入珐琅锅或不锈钢锅中，开火加热（图①）。煮开后撇去浮沫，转小火，盖上盖子。煮20～30分钟，直到苹果表面变得透明。

※熬制过程中取出苹果皮。

◎保存方法：参照p62。

鸡尾酒腌制海棠果

又小又圆又可爱的海棠果。直接腌制的话，有点舍不得，所以先放置一段时间，饱了眼福之后，再用鸡尾酒腌制。

材料与用量（1000mL的广口瓶1个）

海棠果	10个（400~500g）
冰糖	150~170g
醋	500mL

制作方法

1 将海棠果清洗干净，用竹签将每个海棠果扎4~5个洞（图①）。

※扎洞是为了将海棠果的精华充分浸泡出来。

2 将步骤1的海棠果和冰糖轮流放入已经煮沸消毒的广口瓶中，加入醋。

3 为了使冰糖溶化，需要每天上下摇晃瓶子（每天1次），之后放在阴凉干燥处放置7~10天。

◎保存方法：阴凉干燥处可保存6个月。

冬 季 [winter]

　　在散步或者骑自行车买东西的路上，一看到别人家院子里的树上挂满了金橘、柚子、柑橘的果实，才发觉已经到冬天了。

　　天气一冷，还没到冬至的时候，我家几乎每天都要泡柚子澡。所以玄关前放了满满一箱柚子。从露天蔬菜店买来的花柚和邻居送的本柚，是我家的常备品。当然不仅仅可以用来泡柚子澡，还可以用来煮火锅，或者做柚子茶（柚子果酱）。冬天的每一天都可以尽情享用柚子。

　　1月，过完新年之后真正的寒冬到来了，早上醒了也总是感到昏昏沉沉。在这样的早晨，可以将夏天制作的辣椒叶佃煮做成茶泡饭来食用。吃完就会感觉整个身体由内而外的温暖起来。另外，这个时期很容易感冒，用生姜和蜂蜜再加上柑橘制作成热饮，也可以有效预防感冒。每天早上的酵素糖浆也是必不可少的。寒冬时节可以用温开水将其稀释后饮用。经过这一系列操作，冬季的身体健康管理就万无一失了。不过，感冒的时候就需要母亲传授给我的秘方麦芽糖萝卜来发挥作用了。总之，有了保鲜食物就可以感到很安心。

　　在玄关前和阳台上摆满晒干的篮子和笸箩也是这个季节特有的景象。关东的冬天空气很干燥，皮肤也会感到很干燥，但很适合晾晒。在农场体验时收获了很多萝卜，切完之后经过晾晒做成萝卜干。白菜晒干后可以腌菜，也可以用来煮菜（更甜更美味）。香菇、柿子、苹果也要晒干。仅仅需要切下来晒干就可以，没什么难的，借助太阳公公的力量慢慢地就会变得很好吃。老公望着屋檐下的这些篮子和笸箩说："很像乡下的房子啊。"确实如他所说，但是在这寒冷的时节，看着整整齐齐摆在笸箩里的蔬菜正在一点一点变得好吃，也是特别让人开心的一件事。

　　2月末，梅花的花蕾开始一点点绽放，下一个季节也要到了。

| MON | TUE | WED | THU | FRI | SAT | SUN |

煮火锅和泡澡时不可缺少的柚子。白色的是用滤布制作的泡柚子澡的小袋。

2

柚子茶（柚子皮酱）
柠檬茶（柠檬酱）
→p80

4

11

12

果核酒
→p121

花时间制作的美味的清酒酵母

15

16

17

冬天的白色蔬菜：
萝卜、大葱、芜菁。

19

鸡尾酒
橘子热饮
→p83

27

麦芽糖萝卜
→p83

December

12

新年快乐!

我制作的
高松风味杂煮
（加入了带馅年糕）。

院子里晾晒的
各种菜。

七草粥（一
种加入了 7
种蔬菜的明
早餐粥）。

1

自制
香菇干
→ p108

4　　5　　7　　9

10　　13　　15　　16

炖萝卜干、腌萝卜片
→ p87

冬天用蜂蜜
腌制各种
食材
→ p85

17　　19　　20

还是抗感冒的
佳品。

生姜糖浆
→ p84

28　　29

可以预防
感冒。

厨房一角。蜂蜜
腌制品要放在触
手可及的地方，
方便食用。

January 1

东京也下雪了。

生姜煮金橘
→ p88

路边树上采摘
的金橘和买
来的金橘。

2　　4

冬天的红色蔬菜：
小胡萝卜、大胡萝卜。

7　　8　　9

冬天缺乏维生
素时……

柠檬泡
猕猴桃
→ p119

14　　17　　19　　20

味噌腌物
→ p90

味噌腌
旗鱼便当。

22　　27

February 2

079

12月
柚子茶（柚子皮酱）
柠檬茶（柠檬皮酱）

可以制作柚子果汁、也可以制作柚子醋⋯⋯

　　冬天不可以缺少柚子，这个柚子皮酱每年我也是一定会做的。用水稀释一下就变成了柚子茶，寒冷的冬天来一杯最好不过了。

左边是（花柚），右边是（本柚）。我一般喜欢使用本地的花柚，也可以用本柚做。本柚的香味更浓一些。

柚子茶
（柚子皮酱）

材料与用量（300mL的瓶子3个）

....

花柚（或者本柚）	500g
水	200mL
柠檬（挤汁）	1个
细砂糖	350g

制作方法

....

1 将柚子清洗干净，横切成两半，挤出柚子汁。将果汁过滤，子放入另一个碗中。

2 在有子的碗中倒入200mL的水，将子充分洗净。

※步骤2碗中的水不要倒掉，放置好备用。

3 将果皮上的络从柚子皮上揭下来（图①）。之后将1/2柚子络切成细丝放入另一个碗中，倒入柠檬汁（图②）。

4 将剩下的络放到步骤2的碗中，轻轻地洗净（图③）。

5 将柚子皮切成1～2mm厚的条，用清水轻轻地清洗2～3次。之后在水中浸泡2小时左右（图④）。

※2小时是花柚的浸泡时间，本柚的皮比较厚，浸泡时间要长一些。

6 到这里所有的准备工作就完成了（图⑤）。

7 将步骤3的食材，清洗子和柚子络的水，步骤5的柚子条（用漏勺捞出并沥干水分）放入珐琅锅或不锈钢锅中，中火熬制。煮开之后转小火，再煮20分钟左右，直至柚子皮变软。

8 加入细砂糖（图⑥），再煮5～8分钟。最后加入步骤1的柚子汁（图⑦），再煮3～4分钟。途中如果水分不足就加水。

9 趁热放入已经煮沸消毒的瓶子里，倒置放凉即可。

◎保存方法：开封前可保存6个月。开封后冰箱内可放置1个月。

柠檬茶
（柠檬皮酱）

制作方法

1 和制作柚子茶（p81）一样，将果汁、柠檬络、果皮分别进行预处理。柠檬皮比柚子皮更苦，所以要在碗中仔细搓洗，并用水浸泡3~4小时。

2 使用和柚子茶一样的煮法熬制就可以。

※最后放果汁的时候再一起加入蜂蜜即可。

◎保存方法：开封前可保存6个月。开封后冰箱内可放置1个月。

材料与用量（300mL的瓶子3个）

柠檬	500g
水	300mL
细砂糖	250g
蜂蜜	2大匙

推荐食用方法

除了用热水稀释饮用之外，还可以放在红茶或绿茶中。当然，涂在吐司上也很好吃。

鸡尾酒橘子热饮

茶杯中可以放入橘子果肉（压碎）。特别冷的时候喝上一杯很舒服。

制作方法

1 橘子带皮放在热水里浸泡一下，之后放入凉水中，剥皮。

※橘子用热水浸泡之后，可以更好地去除橘皮内侧的白色部分（橘络）。

2 将步骤1的橘子横向切成两半，与醋、冰糖、蜂蜜一起放入已经煮沸消毒的广口瓶中。为使冰糖溶化，需要上下摇晃瓶子（每天1次），之后放在阴凉干燥的地方保存1～2个星期。

※随着时间的推移，橘子的酸味会逐渐变得醇厚。

※想长期储存的情况下，中途可以将果肉过滤出来保存。

◎保存方法：冰箱内可放置3个星期。

材料与用量（500mL的广口瓶1个）

橘子（中等大小）	3～4个
醋	200mL
冰糖	100g
蜂蜜	5大匙

麦芽糖萝卜

小时候感冒喉咙痛的时候，妈妈经常做给我吃。对缓解不适症状有一定的效果，现在我也经常制作。

制作方法

1 将白萝卜（带皮）切成1～2cm见方的块。

2 将步骤1的萝卜放入容器中至八分满，再倒入适量的麦芽糖。

3 常温下放置2天左右，待萝卜里的水分浸泡出来就大功告成了。

※可以用勺子舀糖浆饮用。

◎保存方法：冰箱内可放置1个星期。

1月 生姜糖浆

·························

　　生姜和香料会让身体由内而外变得暖暖的，可以有效预防感冒，夏天可以去除寒气（冷气设备带来的），所以这个糖浆是我家的常备品。

材料与用量（400mL的瓶子1个）

···························

生姜	100g	白胡椒（颗粒）	10粒
水	300mL	※也可换成黑胡椒	
细砂糖	150g	姜汁	50g
		柠檬（挤汁）	1/2~1个

推荐的食用方法

·····················

　　冬天的时候用热水或红茶冲泡。夏天的时候可以兑苏打。喝的时候，挤上新鲜的柠檬汁，会更有助于提神。

制作方法

·············

1　将生姜去皮切成丝。
2　锅中放入步骤1的姜丝、水、细砂糖、白胡椒，中火煮10分钟左右。
3　放入姜汁和柠檬汁，煮3~5分钟即可。

◎保存方法：冰箱内可放置1个月。

冬天用蜂蜜腌制各种食材

　　这是冬天比较冷的时候制作的蜂蜜腌制品。所用材料没有特别详细的配比，只要把能够温暖身体的生姜、富含丰富维生素的柑橘类水果、蜂蜜或细砂糖混合在一起，放置一段时间就可以了。食材中的水分会逐渐流出，蜂蜜也会变成质地黏稠的糖浆。蜂蜜还有润喉的功效，可缓解因感冒引起的咽部不适症状。

◎保存方法：常温下可保存1个月（放在厨房角落随时可以饮用）

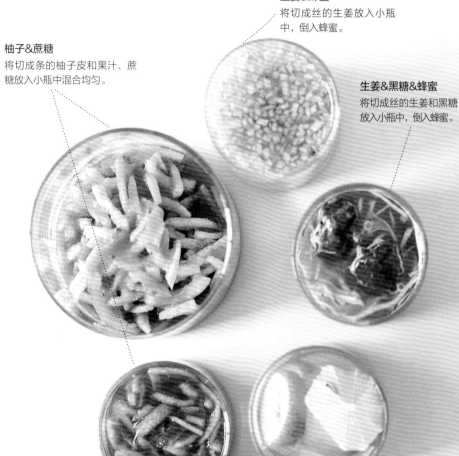

生姜&蜂蜜
将切成丝的生姜放入小瓶中，倒入蜂蜜。

柚子&蔗糖
将切成条的柚子皮和果汁、蔗糖放入小瓶中混合均匀。

生姜&黑糖&蜂蜜
将切成丝的生姜和黑糖放入小瓶中，倒入蜂蜜。

金橘&柠檬&和蜂蜜
柠檬去皮切成圆片，金橘带皮切成圆片放入小瓶中，倒入蜂蜜。

萝卜干、萝卜条

　　将鲜嫩可口的冬萝卜，切好后晾晒，萝卜里的水分像水滴一样滴落下来。在寒冷的冬日里，经过太阳的充分照射，会慢慢变成美味的萝卜干。

制作方法

萝卜条

将萝卜纵向切成3等份，根部留下，之后再5~6等分。挂在绳子上晒干（图①）。2~3天之后就会晒干（图②）。

※晾晒的过程中千万不要淋雨。否则会发霉。

萝卜干

把萝卜切成条状（或切成片），摊放在笸箩上晒干。2~3天就晒干了。

◎保存方法：放入保鲜袋或储存容器中，避免高温潮湿，常温条件下保存。

炖萝卜干

材料与用量（4人份）

萝卜干	40g	
（干燥/条状）		
油炸豆腐	1/2片	
胡萝卜	1/3根	
鸡腿肉	100g	
香油	1大匙	
a ┌ 汤汁	2杯	
├ 味醂	1大匙	
├ 酱油	2大匙	
└ 盐	1小匙	

制作方法

1 将萝卜干放入水中快速搓洗。不断换水，让萝卜恢复到比较有嚼劲的程度（20分钟左右），之后沥干水分。

2 将油炸豆腐放在漏勺上，转圈淋上热水去除豆腐里面的油，沥干水分将其切成丝。胡萝卜切成丝，鸡肉切成条状。

3 锅内加热倒入香油，放入步骤1和步骤2的材料，充分翻炒去除材料中的水分，之后加入a的调料汁不断搅拌直至煮熟。

腌萝卜片

材料与用量（方便制作的量）

萝卜干	100g
（干燥/十字切法）	
醋	1/3杯
细砂糖	3大匙
酱油	2大匙
小辣椒	1根

制作方法

1 将萝卜干放入水中快速搓洗。

2 锅里加水烧开，放入步骤1的萝卜干将其焯至有嚼劲的程度，之后挤干水分。

3 锅里放入醋、糖、酱油，开火。待细砂糖溶化后关火，放入小辣椒（去子切成圈状），之后冷却备用。

4 将步骤2的材料放入已经煮沸消毒的容器中，倒入步骤3的材料。每天搅拌两次，腌制1个星期左右直到全部入味。

※2~3天后即可食用，放置1个星期以上味道更佳。

◎保存方法：冰箱内可放置3个星期。

2月 生姜煮金橘

熟透的金橘生吃也很好吃，但我更喜欢这样煮着吃。可以将其作为茶点，推荐用开水将糖浆稀释后饮用。酸酸甜甜的充满香气的金橘和生姜很配。

材料与用量（500mL的瓶子1个）

熟透的金橘	500g
生姜	1片
水	500mL
细砂糖	100g
蜂蜜	2大匙

制作方法

1 将金橘清洗干净，用牙签除去蒂（图①）。
  用刀的底部在金橘上轻轻地切口（3～4个）
  （图②）。

※切口是防止在制作过程中金橘破裂。

※如果使用没有熟透的金橘（在院子里采摘的金橘等）的情况下，用刀切之后需稍微焯一下，之后放入冷水中过凉再使用。

※如果不喜欢金橘的子，那么可以在煮之前，开口的时候用牙签将其去除。

2 将生姜切成薄片，之后用圆形模具做成小圆片。

※也可切成薄片直接使用。

3 在锅里放入步骤1和步骤2的材料、水、细砂糖开小火，煮开后，用中小火再煮15分钟左右即可（图③）。

4 加入蜂蜜（图④），再煮5分钟左右后关火，静置冷却。

5 放入已经煮沸消毒的容器中。

◎保存方法：冰箱内可保存1个月。

选择紧实、果皮有光泽、熟透的金橘。

味噌腌物

我从很久前就开始自己做好吃的味噌（我很喜欢自己制作的味道）。如果剩余了一片肉或鱼就赶快用味噌腌制一下，第二天就可以搭配寿司一起食用了。也可以用来腌制蔬菜，简单易做，非常推荐。

味噌腌鲑鱼

材料与用量（2～3人份）

....

鲑鱼肉块	3片

（也可选用鳕鱼、旗鱼、马鲛鱼等）

味噌（白味噌等）	200g
味醂	2大匙
细砂糖	1大匙

（使用白味噌就不用加砂糖）

制作方法

....

1 将味噌、味醂、细砂糖充分混合，制作味噌腌料。
2 把鱼充分浸泡在步骤1的腌料里，在冰箱里放12小时。
3 把鱼从味噌里拿出来简单冲一下，迅速沥干水分。放在烤架上烤熟，注意不要烤焦。

※味噌无需完全冲掉。

◎保存方法：冰箱内可保存1～3天。

味噌腌猪肉

材料与用量（2～3人份）

....

猪里脊肉	3块
味噌	200g
酒	1～2大匙
味醂	1大匙
蜂蜜	1/2大匙

没有储存容器用树脂袋腌制也可以。这种情况需要将空气抽干使其充分入味。

制作方法

....

1 将味噌、酒、味醂、蜂蜜充分混合，制作味噌腌料。

※将酒和味醂加热去除里面的酒精成分后使用，会更加美味。

※如果没有蜂蜜，就加入2大勺味醂。

2 将猪肉充分地浸泡在步骤1的腌料里（图①），在冰箱里放12小时。

3 将猪肉从味噌里拿出来简单冲一下，迅速沥干水分。放在烤架上烤熟，注意不要烤焦。

※腌12小时即可食用。腌24小时以上味道会更浓。

※剩下的味噌，可以作为炒菜的调料汁使用。推荐用来做成炒猪肉、洋葱炒鸡肉等。

◎保存方法：冰箱内可保存1～3天。

味噌腌蔬菜

材料与用量（方便制作的量）

蔬菜	适量
（牛蒡、胡萝卜、西芹、山药、 生姜等）	
味噌	300g
酒	2大匙
味酥	1大匙

制作方法

1 将蔬菜清洗干净，切成适当大小。之后将牛蒡稍微焯一下。

2 将味噌、酒、味酥充分混合，制作味噌腌料。

※将酒和味酥加热去除里面的酒精成分后使用，会更加美味。

3 将步骤1的蔬菜充分浸泡在步骤2的腌料里，在冰箱里放一晚上。

4 将蔬菜从味噌里拿出来简单冲一下，迅速沥干水分。切成适口大小。

※如果吃不完，且在已经腌制了几天的情况下，可以用水洗掉蔬菜上的盐分之后切成碎块（如下图）。

◎保存方法：冰箱内可保存1～7天。

（时间越长味道越浓）

常备菜品
和日常厨房工作

•

接下来将介绍一年四季中我经常做的厨房工作，比如制作常备菜和干菜等。制作过程都很简单，在做家务的间隙稍微做一下，也还是很方便的。

调味汁

适合煮羊栖菜、芋头等，味道有点浓烈的、有种从小吃到大的味道的煮物。调味汁的比例可以根据自己的喜好进行调整。我制作的口味偏甜。用来搭配早餐，既方便又美味。

材料与用量（300~400mL）

酱油	1杯
日本酒	1杯
味醂	1杯
海带	2块（5cm见方）
干鲣鱼片	一小把

制作方法

1 将材料全部放入锅中，大火加热。煮开后调成小火，之后煮至剩下1/2~2/3的汤汁关火。

2 将步骤1的材料放到漏勺上过滤，放入已经煮沸消毒的容器中。

※使用的时候，可以根据自己的喜好调整调味汁的浓度。

◎保存方法：冰箱内可保存1个月。

调味汁的用法①
煮羊栖菜

材料与用量（2人份）

干羊栖菜	20g
魔芋丝	50g
胡萝卜	5cm
莲藕	5cm
油炸豆腐	1/2块
香油	1大匙
调味汁	2~3大匙
水	1杯

制作方法

1 将干羊栖菜放入水中泡发后用漏勺捞出，沥干水分。将魔芋丝焯水去除涩味，切成2cm长的段。胡萝卜切成细丝，莲藕切片再用十字切法切成小块。油豆腐放在漏勺上，均匀淋上热水去除里面的油脂，之后切成细丝。
2 锅中加热放入香油，放入步骤1的材料炒至水分蒸发。待香油充分融入羊栖菜后，加入调味汁和水一起熬煮。待汤汁只剩一点点时关火。

调味汁的用法②
乡村烧茄子

材料与用量（2人份）

茄子	4根
香油	2大匙
调味汁	2~3大匙
水	1杯

制作方法

1 茄子纵向切成2半，之后斜切成块，放在水里浸泡去除涩味。
2 将香油倒入锅中加热，加入步骤1的茄子（充分沥干水分）翻炒。待炒匀之后，加入调味汁和水一起熬煮。

其他的使用方法

　　按照同样的方法，还可以做小松菜煮油豆腐、鸡肉炒魔芋丝、牛蒡胡萝卜炒猪肉等。另外，制作蒸饭（将米和配菜放在一起蒸）的时候，将360克米、2大匙调味汁、自己喜欢的食材（鸡肉和牛蒡）一起煮的话，可以省去制作调味汁的工夫。另外，在煮菜时可能会遇到觉得味道有点淡的时候，这时就可以加入调味汁来调整味道了。

散寿司调料

只要和白米饭混在一起就能轻松做出散寿司，也就是所谓的"菜拌饭"。可以用来制作便当或油炸豆腐寿司，非常方便。

材料与用量（方便制作的量）

材料	用量
干羊栖菜	20g
干香菇	5~6个（20g）
笋干	20g
魔芋丝	50g
胡萝卜	1/3根（100g）
莲藕	100g
a 调味汁	1½杯
酱油	1½大匙
盐	1小匙
味醂	2大匙
细砂糖	4大匙
酒	1大匙
醋	5大匙

制作方法

1 将羊栖菜、干香菇、笋干放在水里泡发。

※没有笋干的情况下，用葫芦干、油豆腐干也很好吃。

2 魔芋丝焯水去除涩味，切成1cm长的段。胡萝卜切成约1cm长的条，莲藕切片之后再用"十"字切法切成块。

3 将步骤1、步骤2的材料和调味汁a一起放入锅中，开中小火熬煮。煮到汤汁还剩一点时关火。

※1碗米饭搭配2大匙配菜食用。

◎保存方法：冰箱内可保存1个月。

芝麻饭调料

拌在刚蒸好的白米饭里或是做成饭团都很美味。这是有生姜味、又很香、适合成年人使用的调味品。

材料与用量（容易制作的量）

油豆腐	1块
生姜	1片
白芝麻	1/2杯
鲣鱼干	1袋
a 酱油	2大匙
酒	2大匙
细砂糖	1撮
梅干（如果有的话）	1个

制作方法

1 油豆腐放在漏勺上，均匀淋入开水去除里面的油脂，之后用厨房用纸吸干水分。
2 将步骤1的油豆腐切成米粒大小的碎末。
3 生姜也切成米粒大小的碎末。
4 起锅加热，将步骤2、步骤3的材料和调味汁a放入锅中，不断地用木勺搅拌，煮至只剩下一点汤汁时熄火。

※在这里可以加入2 ~ 3大匙的醋，也很好吃。

※加入梅干，可以延长保存期限。

◎保存方法：冰箱内可保存1个月。

甜 醋

自制甜醋，提前做好方便使用。我家冰箱里的常备品，吃完了我会马上再做好备用。将应季蔬菜稍微腌制一下就会变得很好吃。也可以作为醋拌凉菜和色拉调料的底料来使用。

材料与用量（300~400mL）

海带调味汁	200mL
醋	120mL
细砂糖	1½ 大匙
盐	1/2小匙
小辣椒	1/2根

制作方法

1 将海带调味汁、醋、细砂糖放入锅中，开火，煮30秒。之后放入盐和小辣椒，待盐溶化后关火。
2 冷却后放入已经煮沸消毒的容器中即可。

◎保存方法：冰箱内可保存1个月。

甜醋的用法①

越南三明治（日式）

材料与用量（2~3人份）

白萝卜		10cm
胡萝卜		10cm
薄猪肉片（涮锅用的那种）		200g
a	甜醋	3大匙
	鱼露	1大匙
	盐、胡椒粉	各少许
	香菜	适量

制作方法

1 将白萝卜、胡萝卜切成丝，撒上少许盐（分量外）放置一会儿，待水分出来后再挤干萝卜的水分。

2 将猪肉焯一下再放入冷水中，用漏勺捞出之后用厨房用纸吸干表面的水分备用。

3 在碗中加入步骤1、步骤2的材料，用调料汁a将其拌匀。装盘，放上香菜即可。

甜醋的用法②

甜菜腌制应季蔬菜

制作方法

1 莲藕→开水焯一下后冷却，最后加入甜醋腌制。

2 菊花→将花瓣放到热水中快速焯一下，之后挤干水分放入甜醋中腌制。

3 白菜→切成适当大小后放入甜醋中腌制。

4 半干黄瓜→切成圈状后晒3小时左右，最后放入甜醋中腌制。

5 红心萝卜→切片，之后再用"十"字切法切成小片，最后放入甜醋中腌制。

味噌肉酱

我做的肉酱朋友都赞不绝口！配白米饭当然也可以，搭配蒸菜或煮菜也很好吃。

推荐食用方法

可以和圆白菜一起炒，也可以和土豆泥拌在一起，还可以和蛋黄酱拌在一起做蒸蔬菜的蘸料。可以随意搭配。

材料与用量（方便制作的量）

鸡胸肉糜	250g
味噌	100g
生姜末	5大匙
酒	2大匙
细砂糖	1大匙
味醂	2大匙
白芝麻	1大匙

制作方法

1 将白芝麻以外的所有材料都放入小锅中，用木铲不断搅拌。开中火，边煮边搅拌。煮开之后转小火继续煮干。

2 煮至比味噌稍微稀一点的时候放入白芝麻，稍微搅拌一下就完成了。

※在煮的过程中，用木铲不断搅拌，以免煳锅。

◎保存方法：冰箱内可保存3个星期。

生姜金针菇

在常吃的金针菇罐头中加入生姜后就变成了自制美味。淋上醋或香油也别有一番风味。

材料与用量（方便制作的量）

金针菇	1小袋
香菇	5~8个
生姜	1/2块
水	1/2杯
酒	3大匙
酱油	1大匙
味醂	1大匙
细砂糖	1小匙

制作方法

金针菇去掉根部，切成两半之后将其拆散。香菇去蒂之后切成薄片，生姜切成细丝。将所有材料放入锅中，开中火煮干。

◎保存方法：冰箱内可保存2个星期。

可以放在豆腐上，也可以放在乌冬面上食用。

牛肉时雨煮

将牛肉煮干，制作成浓浓的甜辣口味。简单易做又好吃。搭配米饭可以吃好几碗，也可以用来制作便当。生姜要稍微多放一些。加入魔芋丝也很美味。

材料与用量（方便制作的量）

牛肉块	300g
生姜	2片
酱油	4大匙
味醂	3大匙
细砂糖	2大匙
酒	2大匙

制作方法

1 牛肉切成适口大小的块。生姜切成细丝。
2 锅里开火放入调味料。煮沸之后放入步骤1的材料中火继续煮。撇出浮沫，待汤汁变少后转小火煮干即可。

◎保存方法：冰箱内可保存2个星期。

海带佃煮

使用制作调味汁的海带就可以。我家只有2个人，所以海带调味汁每次只拿出一点就够用了，剩下的冷冻起来用来制作佃煮。这是每天制作便当必须搭配的一道菜。

材料与用量（方便制作的量）

海带	100g
（制作调味汁时使用的）	
酱油	2大匙
味醂	2大匙
酒	2大匙
细砂糖	1大匙
白芝麻	1大匙

制作方法

将白芝麻以外的材料全部放入锅中，开火。煮开后调成中火，煮的过程中用筷子不断搅拌，以免煮煳。待汤汁变少后调成小火煮干。最后加入白芝麻搅拌一下即可。

◎保存方法：冰箱内可保存3个星期。

将制作调味汁的海带切成2cm长×3mm宽的细条之后冷冻备用。足够多时就可以做成佃煮。无须解冻直接使用即可。

金枪鱼肉冻

用油煮的肉冻。煮的时候要注意火候，慢慢地煮，就能将各种食材充分地融合在一起，味道软糯可口。我喜欢旗鱼，使用金枪鱼、鲣鱼等也可以。

材料与用量（方便制作的量）
....

蓝鳍金枪鱼（鱼块）	200g
a ┌ 桂皮	1片
├ 百里香（生）	2束
└ 胡椒粒	10粒
橄榄油	适量
莳萝、粉红胡椒（粒）	各适量

※放入喜欢的香草和大蒜也可以。

制作方法
....

1 金枪鱼切成5cm左右的肉块，撒上少许盐（分量外）（图①），放置30分钟左右。用厨房用纸等擦去多余的水分。

2 将金枪鱼和酱料a放入锅中，倒入橄榄油（没过金枪鱼）（图②）。

3 用70～80℃的油煎30分钟左右。之后在另一个锅（比之前的大一圈的锅）中倒入热水，放在容器中用开水烫温度不容易变高（图③）。

※如果温度过高，可以靠开关火控制温度。

4 在锅中冷却，之后连同油一起放入已经煮沸消毒的容器中。保存的时候也要让油没过金枪鱼，可以根据自己的喜好放入莳萝、粉红胡椒粒等。

◎保存方法：冰箱内可保存2个星期。

推荐食用方法
....

　　可以弄碎加在沙拉里，也可以搭配意面使用。金枪鱼冻比金枪鱼罐头更有嚼劲。

鸡肉泥

使用了鸡胸肉来制作，清爽可口。正宗的肉泥偏油腻，这里介绍家庭版简单易做又健康的做法。可以当作下酒菜，也可以用来制作三明治。

材料与用量（方便制作的量）

鸡胸肉	300g
西芹	2/3根
橄榄油	1大匙
a ┌ 白葡萄酒	1杯
│ 水	1/2杯
│ 柠檬汁	1大匙
│ 桂皮	2~3片
└ 百里香	3束
盐、胡椒碎	各少许

制作方法

1 将鸡胸肉切成适口大小。西芹切成末。

2 锅中放入橄榄油，开火，放入西芹、鸡胸肉翻炒。待西芹炒至透明后放入调味料a，调成中小火继续煮（图①）。加入少许盐和胡椒碎。

3 将香草取出，剩下的都放入食品料理机或搅拌机中搅拌（汤汁放入一半左右即可，如果太干就再加一点汤），尝一下味道，如果觉得味道不够浓郁可以加盐和胡椒碎来调整。

4 放入已经煮沸消毒的容器中，之后将表面整理均匀，用厨房用吸油纸或保鲜膜将容器紧紧地盖上，防止接触空气。

◎保存方法：冰箱内可保存10天左右。

羊栖菜蘑菇泥

　　羊栖菜营养丰富。不仅在制作煮菜时可以大显身手，还可以和其他食材一同制作成泥来食用，用途更加广泛。加入了花生，吃起来就像羊栖菜口味的意面酱料。

可以作为面包的蘸料。也可以加入焯水的蔬菜（圆白菜、扁豆、胡萝卜等）制作成配菜。还可以搭配意大利面食用。

制作方法

1. 将羊栖菜轻轻地洗净，放入到充足的水中泡发备用。蘑菇去掉根部切成末，大蒜也切成末。核桃切碎备用。
2. 平底锅小火加热，放入橄榄油和大蒜。炒出香味后转中火加入羊栖菜和蘑菇翻炒。加入酱油、葡萄酒醋，炒匀后加入核桃再翻炒几下，轻轻地撒上盐、胡椒碎即可。
3. 将步骤2的材料放入食品料理机或搅拌机中搅成泥状。如果觉得味道不够浓郁可以加入盐、胡椒碎。
4. 放入已经煮沸消毒的容器中，将表面整理均匀，用厨房用吸油纸或保鲜膜将容器紧紧地盖上，防止接触空气。

材料与用量（方便制作的量）

材料	用量
羊栖菜芽（干燥）	20g
蘑菇（香菇或杏鲍菇等）	200g
橄榄油	1/2杯
葡萄酒醋	2大匙
酱油	2大匙
核桃（无盐）	50g
大蒜	1/2片
盐、胡椒碎	各适量

各种晾晒食物

我家院子里一年四季都晾晒着东西。一般情况下都是放在笸箩里摊开晾晒，像胡萝卜丝这种体积很小，风很容易将其吹跑，有些晾晒食物香味很浓、会招虫子和猫，这种情况我就会使用晾晒筐。晾晒过的东西会变得更香、更加美味，口感也会变得不同。因此，制作料理也会变得令人期待。

自 制 香 菇 干

虽然从市场上买回来的香菇干闻起来特别香，但我觉得自己晾晒的更新鲜，味道也刚刚好，用它煮东西味道清新极了。只要我看到合适的香菇，不管什么季节都会买回来晒干储存起来。

制作方法

将香菇清理干净，放在笸箩上摊开，记得翻面，晾晒3～4天即可。

◎保存方法：放入保鲜袋或保鲜盒中，避免高温、潮湿，常温下保存。

橄榄油腌制番茄干

我家只在夏季买番茄,因此如果想在其他季节也能品尝到夏季的番茄,我通常会像这样把它储存起来备用。放在太阳底下晒干就好,不需要使用烘干机。

材料与用量(方便制作的量)

小番茄	2袋
盐	适量
橄榄油	适量

制作方法

1 将小番茄清洗干净,横向切成两半,去子。
2 将步骤1的材料放到笸箩上摊开之后均匀地撒上盐。中途记得翻面,晾晒1个星期左右,就可以制作出番茄干。
3 将步骤2的材料塞满已经煮沸消毒的容器中,再倒入橄榄油。最后用干净的勺子等按压小番茄,去除容器中的空气。

◎保存方法:冰箱内可保存6个月。

香草腌泡番茄

使用香草腌泡半干番茄。当作下酒菜来食用再好不过了。

材料与用量(容易制作的量)

小番茄	2袋		橄榄油	1/2杯
盐	适量		柠檬(挤汁)	1/2个
香草	适量	腌泡汁	盐	1大匙
			胡椒粉	少许
			醋	1杯

制作方法

1 晾晒方法同上(番茄干)。晾晒3~4天就成为半干番茄了。
2 将半干番茄和香草塞满已经煮沸消毒的容器中,之后倒入腌泡汁。用干净的勺子等按压番茄,排出空气。

※做完马上就可以吃。

◎保存方法:冰箱内可保存3~4天。

简易版柿子干

之前使用涩柿子制作正宗的柿干也很好吃，但直接晾晒也花费了好多天，还很担心会下雨。这次使用普通柿子，竟然很快就做好了，喜欢柿干的一定要试试这个方法。吃起来就像新鲜的柿干，特别好吃。

制作方法

柿子去皮，切成小于1cm的薄片。放在笸箩上摊开，中途记得翻面，晾晒3~4天即可。

◎因为是半干品，所以不要制作太多。

推荐食用方法

可以搭配奶酪做成三明治，和红酒搭配我也很喜欢。

胡萝卜干沙拉

胡萝卜晒至半干，口感筋道而且更加香甜，特别好吃。感觉颜色也变得更加鲜亮起来。可以搭配沙拉或者用来制作煮菜，总之，晒干之后使用方法会变得更多。

材料与用量（方便制作的量）

胡萝卜	2根	┌ 鱼露	2小匙
鸡胸肉	2块	│ 蜂蜜	1小匙
核桃	3粒	a│ 橄榄油	1大匙
		└ 盐、胡椒碎	各适量
		细叶芹（如果有的话可以放）	

制作方法

1 将胡萝卜切成丝，放在笸箩上摊开，晾晒3小时左右即可。核桃切碎。

2 焯鸡胸肉。锅中放入3杯水和1小匙盐（分量外）煮沸，放入鸡胸肉（去除筋膜）。焯20~30秒后关火，盖上锅盖。冷却之后用手将其撕碎，之后放回锅里浸泡备用。

3 碗中放入步骤1的材料，步骤2的鸡胸肉和2大匙汤（焯鸡胸肉的水），之后放入调味汁a搅拌均匀，最后放入细叶芹（切碎）再搅拌几下即可食用。

炖香菇干

妈妈给我做的炖香菇干很甜。可能就是因为甜，所以才特别好吃吧！不过我自己做的时候会控制糖分。将小香菇晒干之后制作，也可以放入便当里。

材料与用量（方便制作的量）

香菇干	8个左右	酒	2大匙
（参照P108的做法）		酱油	1大匙
泡发汁	1杯	细砂糖	2大匙
水	1杯		

制作方法

1 将香菇干放到水中泡发（泡发的水不要倒掉，放到一旁备用）。香菇干纵向切成两半。
2 将所有材料都放入小锅中，开中火。煮开之后撇去浮沫，转小火盖上锅盖，之后慢慢炖30～40分钟。

腌泡半干蘑菇干

经过晾晒，蘑菇的香味更加浓郁。我使用了几种喜欢的蘑菇，晾晒后来制作。因为老公不喜欢吃酸的，受他的影响，我也慢慢地开始喜欢这种有些甜味的腌泡制品了。

材料与用量（方便制作的量）

香菇	10～15个
褐色蘑菇	1包
橄榄油	2大匙
大蒜（切成末）	1/3瓣
洋葱（切成末）	2大匙
小辣椒（切成圈状）	1/2根
白葡萄酒	1/4杯
a ┌ 醋	1/2杯
├ 细砂糖	1小匙
└ 酱油	1小匙

制作方法

1 将这些蘑菇去掉根部，放在笸箩上摊开，晾晒3～4小时。
2 平底锅开小火，放入橄榄油、大蒜、小辣椒。炒出香味后，放入洋葱、褐色蘑菇，转至中火翻炒。
3 炒至均匀后加入白葡萄酒，转成大火。待酒精蒸发后再转成中火，加入调味汁a再煮30秒即可。

酵素糖浆

几年前朋友拜托我说："这个对身体很好，小玉你试着帮我做一下吧！"在那之后，我便开始制作酵素糖浆。

做好了送给她之后，她说："吃完了酵素糖浆，我的头发变得特别有光泽，皮肤也更加紧致有弹性了呢！"这么看来，酵素确实对身体有益。

好吃自不必说，制作的过程中，每天看着它在不断变化，也是一件很开心的事情。

橘子+柚子+金橘+薄荷

苹果+柠檬+草莓

猕猴桃+柠檬

饮用方法

用凉水或苏打稀释。再加入
薄荷或柠檬、酸橙。酵素怕热，
不可以用热水稀释。冬季的话用
温开水（40℃左右）来稀释。

橘子 + 柚子 +
薄荷酵素糖浆
....

搭配比例
....

水果1：细砂糖1.1
准备橘子、金橘、柠檬、柚子、薄荷等水果和香草，称好重量，之后再准备1.1倍的细砂糖。

制作方法
....

1 将水果清洗干净。橘子、柠檬去皮。金橘、柚子横向切成两半。

※如果使用的是无农药种植的水果，也可保留果皮。无农药种植的水果当然最好了，但是凑齐全部无农药种植的水果太难了，所以仔细清洗或剥皮均可。

※可以使用自己喜欢的应季水果。

2 在已经煮沸消毒的广口瓶中放入少许细砂糖、水果，之后继续交替放入细砂糖、水果（图①）。最后用细砂糖将水果覆盖，常温放置就可以。

※盖子轻轻盖好就可以，不要拧紧。

3 放置1天后，瓶子下面就会渗出水分（图②）。之后上下搅拌50次左右，使其充分融合（图③）。

※将手清洗干净，用于搅拌即可。

4 每天1次，重复上一步骤的操作。

※慢慢细砂糖就会溶化变稀。

5 当有一天你发现水果浮起来了，水果周围充满了气泡，那就制作成功了（发酵）（图④）。夏季需要1周左右，冬季的话需要2~3周。

※根据水果的不同，制作季节的不同，发酵后水果的样子也各不相同。有的水果制作完仍然非常漂亮，有的水果会变得很饱满。

※每天搅拌时，你就可以感受到它的变化。

6 在碗上放上漏勺，再铺上滤布，进行过滤。最后放入已经煮沸消毒的容器中保存即可。

※因为是发酵品，所以盖子不要拧紧（容器容易破裂）轻轻地盖上盖子，保证空气可以流通。

◎保存方法：冰箱内或阴凉干燥处可以保存1年。

只使用了水果和细砂糖这两种简单的材料。使用应季的水果就可以。可以根据自己的感觉，尝试着搭配自己喜欢的水果、香草等轻松地制作。

橘子类水果和薄荷是标配。制作出来的糖浆含有丰富的维生素C，能量满满。

米糠酱菜

长大之后我才开始吃米糠酱菜。

在品尝了几个朋友制作的米糠酱菜之后，我向我觉得做得最好吃的朋友请教了制作方法：原来很简单的方法就可以把酱菜做得很美味。

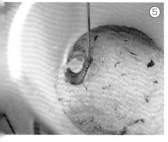

材料与用量（使用容积为3~4.5L的容器）

米糠	1kg
水	1L
盐	120g（米糠重量的12%）
海带	3块（5cm见方）
小辣椒	3根
（用来做底料的蔬菜）	
胡萝卜	1/2根
圆白菜	3片

（也可选用其他含水量比较大的蔬菜，如黄瓜、萝卜等）

制作方法

[制作糠床]

1 锅中加水煮开，放入盐，待盐溶化后冷却备用。

2 在腌制桶（珐琅或陶器容器）中分两次放入糠和盐水（图①），每次都要用手搅拌。

3 放入海带、小辣椒充分搅拌，也放入用做底料的蔬菜（图②）。

4 将表面弄平整，再用厨房用纸将粘在腌制桶侧面的糠擦拭干净（图③）。

5 从腌制的第二天起，每天都用手从底部开始上下搅拌2次。最后一定将表面和侧面整理干净。

6 3~4天更换一次蔬菜（用作底料）。每次都要用手搅拌，这个步骤夏天需要重复2次，冬天的话重复3次。夏天大概需要1个星期即可完成糠床的制作（发酵），冬天需要2个星期左右。

[加作料]

7 在制作完成的糠床中加入自己喜欢吃的蔬菜腌制。腌制12~24小时即可完成（图④）。

【 关于糠床的整理 】

※每天加入少量蔬菜腌制就可以，在取出和放入蔬菜时，需要用手从上到下搅拌糠床，1天2次，这样糠床里面的微生物才能平衡（促进发酵），味道也会变得更好。

※不搅拌的话，糠床表面会滋生白色的霉。

※蔬菜中含有的大量水分会慢慢使糠床变稀。这种时候会在糠床角落形成一处5cm深的凹陷。第二天要用勺子将水舀出（图⑤）。

※如果变得越来越稀，可以加入米糠和盐（按照1杯米糠：1大匙盐的比例）。

※为了让糠床更加美味，也为了杀菌，可以放入生姜和大蒜。

浅渍泡菜

清爽的浅渍泡菜保持了蔬菜原有的味道，吃起来像蔬菜沙拉的口感。可以尝试使用各种各样的蔬菜来制作。

制作方法

1 珐琅锅或不锈钢锅中放入腌泡汁的材料，开火。煮30秒后关火冷却备用。

※除了桂皮、胡椒粒之外，还可以加入丁香、生姜、小辣椒等。

2 待腌泡汁冷却之后取出桂皮、大蒜。

3 将蔬菜切成适口大小，放入玻璃制或陶瓷容器中，之后倒入冷却的腌泡汁。

※放置半天之后就可以食用。

◎保存方法：冰箱内可保存4～5天。

材料与用量（方便制作的量）

芜菁	2个
小萝卜	1束
阳荷	1包
（野生蔬菜，别名野姜、野良姜）	
红辣椒	1个（也可以换成自己喜欢的其他蔬菜）

腌泡汁		
	水	500mL
	醋	200mL
	细砂糖	50g
	盐	2大匙
	桂皮	2片
	大蒜	1片
	黑胡椒粒	10粒
	蜂蜜	1～2大匙
	色拉油	1/2小匙

古渍泡菜

想要长时间腌制，就将腌泡汁加热30秒之后倒入蔬菜中。

◎保存方法：冰箱内可保存1个月。

蔬菜吃完的情况下，腌泡汁可以进行再次利用。

● 将腌泡汁加热至沸腾，加入蔬菜进行再次腌制。但是二次腌制时要快些吃完。
● 浇在蔬菜块或凉拌菜上作为调味汁使用。

柠檬泡猕猴桃

绿色的猕猴桃和黄色的柑橘或橙子搭配在一起特别漂亮。夏季比较累的时候或冬季缺乏维生素时都可以食用，我在一年中会不间断地制作。

材料与用量（方便制作的量）

猕猴桃	2个
喜欢的柑橘类水果	1个
（橙子、葡萄柚等）	

a	柠檬汁	1/2个
	蜂蜜	2大匙
	薄荷	适量
	粗粒黑胡椒	根据个人喜好添加

制作方法

1 将猕猴桃、柑橘类水果剥皮，切成适口大小。
2 在碗中放入步骤1的材料和调味料a，快速拌匀即可。

◎保存方法：冰箱内可保存2~3天。

果子酒

可同时品尝多种果子制成的果子酒。

最适合用小号的瓶子制作，我总是会充满好奇："会剩下什么果子呢？"以及"这样搭配会是什么味道呢？"每次我都怀着这种心情愉快地制作着。

加州梅

美国黑樱桃

美国黑樱桃&黑莓

樱桃

橡实（实验中）

核桃

搭配比例

水果1：冰糖1：酒1.5～1.8

※冰糖的用量可以根据果子的甜度以及自己的喜好来调整。

※作为底料的酒可以选用烧酒、伏特加酒、杜松子酒、老白干等，清淡一点的也可以。酒精浓度在35度以上即可。

制作方法

1 将水果和冰糖交替放入已经煮沸消毒的广口瓶中，倒入酒。

2 放在阴凉干燥处，1天1次上下摇晃瓶子，使冰糖溶化。放置6个月左右即可饮用。

◎保存方法：阴凉、干燥处保存。

果核酒

将吃剩下的水果核放入装酒的瓶子中就变成了"果核酒"。
其中杏核酒的味道会让我想到意大利的香草利口酒。

枇杷

李子

苹果

杏

搭配比例

冰糖1：酒1.5～1.8
※作为底料的酒可以选用烧酒、伏特加酒、杜松子酒、老白干等，简单清淡一点的也可以。酒精浓度在35度以上即可。

制作方法

1 将冰糖、酒放入已经煮沸消毒的容器中。
2 将果核放到步骤1的容器中。
※根据果核量的不同，慢慢的可能会变成琥珀色，香气也会慢慢散发出来。放置6个月左右即可饮用。
※到了可以喝的时候，可以将酒倒入到瓶中，这样更容易倒入酒杯中。如果直接从容器中倒的话，液体会黏糊糊地滴下来，这也是容易引起发霉的原因。

◎保存方法：阴凉干燥处保存。

关于工具

〖锅〗

制作果酱或罐头时，需要使用耐酸的珐琅锅、不锈钢锅或铜质锅。因为在制作过程中会使用柠檬或醋（酸性）。如果做佃煮等料理，使用普通的锅就可以。

〖储存容器〗

储存瓶

制作果子酒使用的是广口瓶。需要能把盖子盖紧可以密封，最好是能看到瓶子内部的玻璃瓶。

制作蕗头的瓶子难免会沾上臭味，所以需要专用的瓶子。

储存容器

制作含有醋的食品推荐使用耐酸的珐琅制储存容器。制作佃煮、梅干等，使用能直接端上餐桌的带盖容器方便操作。

储存瓶（小瓶）

在制作果酱和罐头时，最好使用盖子也可以煮沸消毒的小瓶。从市面上买来的果酱瓶等可能是回收再利用的，如果担心瓶子有味道，可以将其煮沸、漂洗净、再晒干就没有问题了。

【 漏斗 】→A

　　制作果酱或罐头使用广口容器，制作糖浆等液体使用窄口容器，各种各样的容器，制作时很方便。

【 腈纶百洁布 】→C

　　我使用的是由腈纶毛线编织而成的环保百洁布。平时洗碗的时候也会用，特别是清洗水果上面的白霜（果霜）时特别好用。

【 夹子 】→B

　　将瓶子煮沸消毒时，可以用夹子夹，不会烫到手，特别方便。也可以在餐桌上夹小的食物。

【 勺子 】→D

　　在制作水果糖浆、果子酒时，可以用勺子从广口瓶中舀糖浆或腌制的水果。保证勺子是干净且干燥的状态下使用是防止发霉的秘诀。

这个→

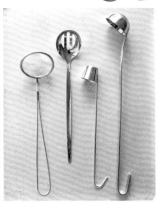

【 方便的小工具 】

小勺子

　　挖耳勺大小的小勺子很方便，也特别可爱。可以用来取圣女果的种子。

（图片从左向右）

　　去番茄蒂： 圆圆的带锯齿的勺子可以将蒂清除得特别干净。

　　柑橘类水果去皮： 可以将果皮削成细丝状。

　　草莓去蒂： 可以将草莓蒂去除干净。

　　草莓切片器： 这个工具可选用，但是这是一个特别可爱的小工具。

关于材料

【砂糖】

　　砂糖有绵白糖、细砂糖、黄砂糖、黑糖等很多种类，甜度和味道也各不相同。例如，细砂糖口感清爽，黑糖口感醇厚。

　　至于细砂糖的使用，我觉得根据自己的喜好选用即可。在用水果制作罐头或果酱时，想做出漂亮的颜色我会使用细砂糖，制作佃煮或煮菜等料理时就使用蔗糖或黄砂糖。

　　菜谱上我使用的细砂糖都已经标记出来了，仅供参考，如果家里没有可以自行调整。我在制作过程中也会出现细砂糖用完状况，这时我就会用蜂蜜或者其他种类的砂糖来代替。

【醋】

　　醋有谷物醋、千鸟醋、苹果醋等。制作薤和酸味果汁等我会使用谷物醋，腌制小体积的生姜和茗荷时我使用千岛醋，根据自己的喜好使用即可。在制作腌泡汁或西式泡菜时，我有时会使用谷物醋再加入苹果醋。

【其他材料】

　　制作罐头或果酱使用的柠檬尽量选择国产无农药的。如果只有外国产的，可以用少量的盐将其仔细揉搓，之后清洗干净即可。

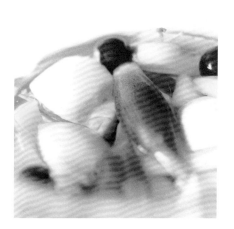

储存时的注意事项

【果酱或罐头】

　　如果想长期储存果酱或罐头的话，可以将刚做好的果酱或罐头趁热倒入已经煮沸消毒的储存瓶中，盖好盖子倒置冷却。（图①）这样做可以使瓶子具有密封性，保存时间更久（开封前可保存6个月，开封后放入冰箱可以保存3个星期）。如果几天内就可以吃完，可以在锅中冷却后放入保鲜盒，再放进冰箱（3个星期）。另外，开封后吃不完的罐头也可以冷冻。

【注意事项（通用）】

● 腌制的时候，重点是要将瓶子中的空气排出。倒入液体后，用勺子等压住食材，将空气排出，这一点很重要（图②）。

● 取出制作食材时使用的勺子或筷子，要保证是干燥、干净的。

● 制作佃煮等固体的小菜类，取出需要的分量后，使用橡胶刮刀等将粘在侧面的部分刮下来之后铺平整（图③），可以防止发霉。

煮沸消毒的方法

〔 小瓶子 〕

1 把瓶子放在大一点的锅里，倒水（没过瓶子），开大火。

2 烧开后把盖子也放进去，煮10分钟左右（图①）。

※突然倒入热水的话瓶子会炸，所以一定要在开始的时候就倒进去。

3 为防止烫伤，要使用夹子将瓶子取出来（图②）。倒放在干净的架子上晾干（图③）。

〔 大瓶子 〕

　　如果是不能煮沸消毒的大瓶，清洗干净后用干净的毛巾擦拭即可。如果觉得不放心，可以喷酒精喷雾除菌（图④）。

蔬菜和水果的时令日历

	3月	4月	5月	6月	7月	8月
草莓	▓	▓	▓			
蜂斗叶	▓ 花蕾(蜂斗花茎)	▓		茎		
蚕豆	▓	▓	▓			
土当归	▓					
蛤蜊	▓					
生姜			新生姜	谷中生姜	▓	▓
黑樱桃			▓			
薤头			▓			
樱桃			▓	▓	▓	
柠檬						
蓝莓				▓	▓	▓
梅子			青梅 ▓		黄梅 ▓	
朝天椒叶					▓	▓
杏				▓		
紫苏			▓	▓	红紫苏	
李子						
山姜				夏季山姜 ▓	▓	▓
桃					白桃 ▓	▓
梨					▓	▓
加州梅						▓
葡萄						▓
苹果						
柿子						
柚子						
橘子						
熟透的金橘						

※有些蔬菜和水果一年四季都可以买到,但是旺季的时候数量会更多,也会更新鲜、好吃,在这个日历上我做了标注。

※上市日期是以超市和水果店为基准。

	9月	10月	11月	12月	1月	2月	
							草莓
				花蕾（蜂斗花茎）			蜂斗叶
							蚕豆
							土当归
							蛤蜊
							生姜
							黑樱桃
							薤头
							樱桃
							柠檬
							蓝莓
							梅子
							朝天椒叶
							杏
		紫苏果实					紫苏
							李子
	秋季山姜						山姜
	黄桃						桃
							梨
							加州梅
		海棠果	红宝石				葡萄
	富士等						苹果
							柿子
							柚子
							橘子
							熟透的金橘

127

图书在版编目（CIP）数据

时令留鲜：86种手作保鲜美食 /（日）宅间珠江著；
刘红妍译. —北京：中国轻工业出版社，2023.11
ISBN 978-7-5184-4421-2

Ⅰ . ①时… Ⅱ . ①宅… ②刘… Ⅲ . ①食谱 Ⅳ .
① TS972.12

中国国家版本馆 CIP 数据核字（2023）第 074687 号

版权声明：

Original Japanese title: TAMACHAN NO HOZONSHOKU SINPAN: KISETSU WO
TANOSHIMU 12 KAGETU NO DAIDOKORO SHIGOTO
Copyright © 2019 Tamae Takuma
Original Japanese edition published by Mynavi Publishing Corporation.
Simplified Chinese translation rights arranged with Mynavi Publishing Corporation.
through The English Agency (Japan) Ltd. and Shanghai To-Asia Culture Co., Ltd.

责任编辑：卢　晶　　责任终审：高惠京
整体设计：锋尚设计　责任校对：晋　洁　责任监印：张　可

出版发行：中国轻工业出版社（北京东长安街6号，邮编：100740）
印　　刷：北京博海升彩色印刷有限公司
经　　销：各地新华书店
版　　次：2023年11月第1版第1次印刷
开　　本：880×1230　1/32　印张：4
字　　数：150 千字
书　　号：ISBN 978-7-5184-4421-2　定价：49.80元
邮购电话：010-65241695
发行电话：010-85119835　传真：85113293
网　　址：http://www.chlip.com.cn
Email：club@chlip.com.cn
如发现图书残缺请与我社邮购联系调换
210948S1X101ZYW